后浪电影学院

236

The Ultimate
Guide to
Writing and Design

VIDEO 游戏 GAME
编剧 与 设计
指南

SPM
南方传媒 花城出版社

中国·广州

［英］
弗林特·迪尔　约翰·祖尔·普拉滕 著
Flint Dille　John Zuur Platten

邓思渊 译

图书在版编目（ＣＩＰ）数据

游戏编剧与设计指南 / (英) 弗林特·迪尔, (英)
约翰·祖尔·普拉滕著；邓思渊译. -- 广州：花城出
版社, 2024.10
ISBN 978-7-5749-0163-6

Ⅰ.①游… Ⅱ.①弗… ②约… ③邓… Ⅲ.①游戏程
序-程序设计-教材 Ⅳ.①TP317.6

中国国家版本馆CIP数据核字(2024)第040229号

著作权合同登记号：图字：19-2023-130 号

出　版　人：张　懿
编辑统筹：陈草心　梁　媛
责任编辑：刘玮婷
责任校对：汤　迪
技术编辑：林佳莹
特约编辑：汪　旭　陈　雯
装帧制造：墨白空间·李国圣

书　　名	游戏编剧与设计指南
	YOUXI BIANJU YU SHEJI ZHINAN
出　　版	花城出版社
	（广州市环市东路水荫路11号）
发　　行	后浪出版咨询（北京）有限责任公司
经　　销	全国新华书店
印　　刷	天津雅图印刷有限公司
	（天津宝坻节能环保工业区宝富道20号Z2号）
开　　本	690毫米×960毫米　16开
印　　张	19.25　2插页
字　　数	320,000字
版　　次	2024年10月第1版　2024年10月第1次印刷
定　　价	68.00元

致　谢

在我们的职业生涯中，我们遇到了很多有天赋的人并和他们一起工作。他们帮助过我们、影响过我们、挑战过我们、惹恼过我们、偶尔付给我们钱，也给予了我们打造许多伟大项目的机会。在这里，我们不可能向他们一一致谢，但是我们会尽力一试。

在此，我们要感谢：里奇以及工会中其他盟友们；无数的委托任务；影片《正午》（*High Noon*）中的反派弗兰克·米勒；美国编剧工会新媒体项目成员苏珊娜、布鲁斯、蒂姆和迪恩；"突击队"团队的迈克、约翰和罗德；弗朗西斯·德雷克爵士和他的子女们；大家熟悉的经纪人拉里和杰瑞德；来自红宝石游戏公司的乔、史蒂夫、马蒂、梅格和巴兹；来自华纳兄弟互动的贾森、达维、海蒂和加里；ZM；克里斯蒂安·B.；推动了这门学术科目发展的克里斯·斯温。

我们同样也非常感谢：克里夫和其他一路走来的团队初创人员；丹·杰文斯；德纳和"光谱字节"团队的成员；来自"新赛博坦人"团队的丹和罗伯；"超级英雄军团"的尼和埃姆斯先生；"人工大脑"的雷米、丹尼斯、克里斯托弗和娜塔莉；"特工13"团队；埃里克和让我们吸取到不少灵感的电影《大出意外》（*The Big Easy*）。

我们还要感谢："虎狮队"团队，尤其是"迦太基-文森特-巴卡"和"塔尼特姐妹"这两个小组；来自"出租车司机"团队的迪恩·M.和乔伊；CTRPS的成员K博士、乔、杰罗姆迪克、戴维·W.、戴维·A.、史蒂文·D.、丹尼、保罗、克里斯、埃里克、ICT的"门萨男孩"以及来自其他公司的成员；关系校友约翰·沃登、梅杰·马特、埃文、邓尼根、柏拉和邦；Ed 209；喷火战机乐队；来自"加密冒险者"的加里、戴维、塞尔吉奥、马夫、萨姆和克里斯；德雷克以及"审判官"团队；里基·G.；加里；哈里斯；西尔迪；霍华德·B.；上学时认识的安德鲁和盖特伍德；以及研究机构出身的埃里克和维。

此外，我们想感谢在最开始帮助过我们的幕后人员——"超级汤姆""尖叫乔""强者"杰厄斯；卡罗尔和"敢死队"团队，他们知道赛博坦星球最初的秘密；"代码猴子"团队；来自"镍币影院"团队的程序员拉尔夫和詹娜；乔恩·塔普林和"艾尼格迈特"团队；乔瑟夫、阿丽莎以及AIAS；路易吉。

另外，我们要感谢的还有："伊克斯狂想骑士"的特梅尔、威尔士、吉、玛丽·加里、杰罗姆·加里以及我们的两位吉姆；T.R.A.X.团队的彼得、马特、伦尼、克里斯、朱丽叶、戈登、克雷格、鲍勃·L.和拉里；来自"R. F. 魔术师"的罗布和迈克；"大地龙"团队；瑞秋和"赛博战士"团队。

特别感谢"法律之鹰"团队和理查德·汤普森；里克和塔尼；"死水男孩"斯科特和里克；来自"萨加德与野蛮人"的苏尔坦·杰泽、"废物"厄吉和卢锡安；TSORG团队；约翰·W.、道格拉斯·G.、路易·N.以及"记忆法"团队；"飞翔的犹盖人"、"莱吉佩吉"以及诸多亲友部门。

最后，我们还要快速感谢如下这些人员和机构："跳过传媒"；"七"团队；"火焰"工作室；"星风"团队；杰克·斯莱特和安德雷；来自VUG（雪乐山公司旗下团队）的皮特·瓦纳特；来自"TSR石榴与紫红骑士"的劳瑞、沃伦、沃德、格拉布、哈罗德玛丽、玛格丽特；"未来终极之战"团队；来自"西海岸"漫画的贾斯汀、丽莎、西尔迪和一个我们忘了名字的古怪女孩；来自"风险违约者协会"的戴夫、斯科特、比尔、罗德、米兹和杰夫；来自"火刃指挥官"的扎克；"尿汤者"；"A-52辟谣"团队；斯坦、桑迪和迈克·F.；"星门"；"视觉概念"；"莫诺利斯"；斯蒂芬妮·H.；"千兆瓦"；琳·O.、吉尔·D.、雷·D.、R. J. 克拉里和约翰·W.。不论如何，万分感谢。

此处，弗林特还要特别感谢特里、温纳、Z先生、"坏咖啡机"和延斯的儿子保罗的意见和鼓励。

约翰要特别感谢的是加布里埃尔·杰克和凯特；母亲莎拉和父亲贾斯汀；永远不会忘记的安娜和赛思；O博士、"侯爵"、"二十分钱"托尼、里克、弗雷德和"口袋火箭"；"大迈克"、罗恩，以及那些拉斯维加斯的深夜之旅。

目　录
Contents

第 *0* 关

序　幕

拥抱混沌

　　这本书是在工作之余匆匆写就的。正当我敲击键盘之时，我们还有很多不同的游戏、电视节目、电影项目正处在不同的开发与制作阶段之中。两个小时后我们要穿过城市去开一个会，另一条"死线"也马上就要到来，之后要交付的东西也还没有完成。在一个理想的世界里，所有和我们一起干活的人都会照顾我们，让我们可以舒服地专注于一个项目，但是生活和机遇并不如我们所愿。所以，当我们终于有机会写出来这本书时，我们想抓紧时间，渴望看到这场写作之旅会让我们最终到达什么地方。我们拥抱可能出现的混沌，真正的灵感往往是从这里生发出来的。

　　你在阅读接下来的内容的过程中会充分了解到电子游戏行业正在发生什么。我们希望这些与你分享的字句中没有不恰当的偏见，因为我们常常在写作的过程中被电话打断，去与游戏厂商、开发者、制作人、设计师和经纪人（以及偶尔会有著名演员）等一起开发游戏的人打交道。

　　跟大多数创意活动一样，事情有好有坏。好的方面在于，我们讨论的问题、分享的技巧和经验，以及游戏开发行业的现实，都来自我们的"战地视角"。我们会尽最大努力，将我们在创作和设计游戏中获取的实际经验和知识分享给大家。

坏处就是，这让它变成一本并非经过深思熟虑和精心编排的书。书里给出的结论也并不是确定无误的。电子游戏这个产业的起伏实在太多；新的平台不停出现，新的产品始终在改变我们的思维方式。然而，我们所分享的方法和技巧是从我们过去成功打造或参与打造的一系列大卖游戏的经历中总结出来的（出于保密的原因，我们没有谈及某些游戏）。这些经验适用于我们，我们相信它们也适用于你。

我们并没有傲慢到认为自己的方法就是唯一的方法。如果游戏产业有一条必然通往成功的道路，那么这一行就会很容易。事实不是这样。我们永远拥抱新的可能性，每种情况都需要专门的策略和战术。我们没有所谓"终极答案"。这本书要做的是为你提供一个基础，让你躲开那些在这个过程中不可避免会遇到的问题，最终完成你的游戏。很抱歉，创新的部分是你自己的事情。

作为一个成长中行业的专业人员，我们这些年来建立、发展并完善了一个内容多样的知识库。你会在字里行间看到它，而且我们希望它给予你的不仅仅是一种眼光，更是在这个行业中成功所需要的优势。

游戏的类型很多，讲游戏创作和设计方法的理论更多。从纸上的文字角色扮演冒险游戏（Role-playing Games，简称 RPG），到初代的世嘉（SEGA），再到如今的 Xbox 360 和 PlayStation 3[①]，我们有三十年的游戏创作和设计经验。我们非常幸运，现在，我们一年一般要参与八到十二个项目的开发（很多项目的周期是重叠的，我们会称之为"多管齐下"）。也就是说，我们每天还会学到一些新东西。

✦ 我们关注的焦点

我们专攻故事驱动型游戏，一般来说，会是下面五种类型之一：

- 动作、冒险（Action / Adventure）
- 第一人称射击（First-Person Shooter，简称 FPS）

---

① 本书成书于 2006 年，当时主机刚更新至 Xbox 360 和 PlayStation 3（若无特别说明，本书脚注皆为编者注）。

- 生存、恐怖（Survival／Horror）
- 平台动作（Platformer）
- 幻想角色扮演（Fantasy RPG）

请注意，这本书不会涉及模拟类（Simulations）、即时战略类（Real-time Strategy，简称 RTS）、大型多人在线游戏（Massive Multiplayer Online Games，简称 MMOGs）、体育运动类游戏（Sports）或者纯解谜游戏（Puzzle）等游戏类型。老实说，其中有一些游戏类型完全在我们的技能之外。事实是，游戏创作和设计的很多方面是高度专业化的，很多成功且著名的游戏设计师、程序员、艺术家们专注于一个特定类型的游戏，做出了很多伟大的作品（同时事业有成、收入可观）。

我们在很多年前就已经清醒地认识到，游戏既可以是一种互动的娱乐形式，同样也能够成为一种讲述故事并刻画角色的有力媒介。很显然，我们并不是唯一（或者第一个）这么想的人。游戏行业中大部分知名系列游戏都包括一些叙事和角色的要素。一个大卖的足球游戏邀请了一位著名体育比赛解说人出演游戏中的"角色"，那么你可以认为这个人的参与便是该游戏持续大卖的原因。

角色和故事让玩家能够在感情上投入游戏之中。将角色与顺滑的操作手感、设计精妙且运行良好的硬件机器、精心构筑的关卡、让人印象深刻的图像以及良好的物理引擎相结合，你就有了一个有潜力大卖的游戏。然后我们加一点额外的要素，钩住玩家的想象力，就基本上能够保证这个游戏大卖。至少，我们有这样的信念，也会努力让我们的每个游戏都做到这几点。

所以，你在理解了我们的核心竞争力和兴趣所在后，应该会有一个大致框架——我们讨论创作和设计的时候是在讨论强故事元素的游戏。当然，如果你在开发（或者想要开发）的游戏并不是我们上文中提到的这些类型，我相信我们所谈到的这些关于游戏和"大系列"（franchise）[①]开发的概念里有一些仍然可以帮你取得成功。

---

① 指开发了各类衍生品，形成成熟产业链的超大型文娱产品。

🎮 我们要讲到的内容

我们的目的是通过如下方式，帮助你逐步提升创作和游戏设计的技能：

- 告诉你我们现在的状态、之前的工作以及游戏行业未来的方向；
- 为你提供整合游戏设计和故事剧情的实际讨论、操作方法以及解决方案，并让其发挥综合效果；
- 解释如何与开发组工作，以及这种工作关系在项目发展过程中如何变动；
- 解释一个游戏编剧、设计师的实际工作；
- 给出习题和项目供课后练习之用（大多数会着重一个单独的写作和设计环节），这些练习能够让你释放创意，像一个游戏编剧、设计师那样思考。

如果你有自信在读完这本书且实践过其中包含的技巧之后创作并设计出你自己的游戏，并且与开发者合作，将你的想法变为现实，那么我们就完成了我们的工作。

🎮 谁应该读本书，以及为什么要读这本书

所以，我们是为了哪些人写这本书的呢？

- 想要进入游戏行业、有追求的编剧和设计师。
- 想要学习游戏中叙事的独特技巧且有一定经验的编剧。
- 正在从事游戏行业、主攻游戏内容设计工作的专业人员。
- 对游戏知识产权（Intellectual Property，简称 IP）开发感兴趣的创意总监和授权相关的从业人员。
- 任何对游戏开发的"业内观点"感兴趣的人。
- 如果你不属于以上任何类型，但仍然看到这里……那就包括你。

你在文中会看到习题描述以及你可以实际操作的步骤。通过这些步骤你可以提高自己的写作和设计技巧，同样也能够增加你进入游戏行业的机会。我们将其称为行动练习（Action Items）。我们也将这些练习分类，按照游戏开发的

术语分成青铜（Alpha）、白银（Beta）以及黄金（Gold）。每一个行动练习都关系到当前的主题，所以请务必花时间去做一下这些练习，它能够增进你对当前内容的理解。这么做还有一个额外的好处——当你读完本书的时候，你已经有了一个相当不错的内容大纲，可以开始工作了。

🎮 我们的游戏生存十一诫

每个人都有一套自己赖以生存的核心原则。以下是我们在职业生涯中的核心原则（注：鉴于十诫的"市场"已经被垄断了，我们决定扩充到十一诫）。

（1）**我们身处娱乐行业，而不是游戏行业。** 我们将自己创作的内容视为娱乐产品。游戏是我们用来承载这些娱乐体验的平台。

（2）**让你的设计和故事可供增删。** 所有的游戏设计和故事都会最终受到各式各样技术和制作上的限制，变得支离破碎。制作过程中会出现不可避免的删减，所以我们要提前准备好。

（3）**总有人知道你不知道的东西。** 每次你以为自己已经全明白了，就总有人会证明你错了。三人行必有我师。

（4）**对话仅仅是戏剧性的冰山一角。** 想要用对话来解决支离破碎的故事是行不通的。好的对话和故事总是来自在激动人心的戏剧性场景中精心构思出来的人物。

（5）**你的水平受到你与团队关系的限制。** 如果没人愿意倾听你的想法或者在游戏中实现它们，世界上再伟大的点子都没有意义。

（6）**要有向你的想法"痛下杀手"的勇气。** 不要过分珍视自己的点子，或者对其中一个过于认真。因为所有的点子，几乎没有例外，都会成为垫脚石。然而一旦例外发生……

（7）**呵护你的构思。** 这是"向你的想法'痛下杀手'"的反面。如果你失去了对某个项目的展望，或者说，你已经丢掉了自己一开始做这个项目的初心，那再做下去有什么意义呢？

（8）**完成作品并且交付。** 你只有拿出作品才能反映你的水平。

（9）　**不要强调游戏的缺陷。** 每个游戏都有缺陷。不要过分放大其缺陷。

（10）**选择合作，而不是妥协。** 合作和妥协能达到的效果是一样的，但是合作能避免负面效应。

（11）**制造乐趣本身就应该是乐趣。** 我们并不是在挖沟或者做开颅手术，我们在做游戏。看在老天的分上，放轻松。

🎮 为什么我们宁愿成为工匠，而不是艺术家

我们把自己视作工匠而不是艺术家。我们可以打个比方——假设我们是造桌子的。我们造了二十年的桌子。这些桌子都是用最好的木头来做的。它们很漂亮，很实用，放在家里就能增光添彩。如果你需要一张桌子，就来找我们买桌子。我们给你做一张，按时交付，保证价格。我们全心全意，致力于给你提供最好的桌子。当桌子做出来的那一刻，我们便是匠人。

几周之后，我们就会把桌子运到你家。你把这张桌子放在你的客厅里。这张桌子很适合你的家，完全满足你的需求，还超出了你的预期。就像我们刚才说的，我们知道怎么造一张桌子。我们走的时候，你可能会这么对我们说："这张桌子很漂亮，就是一件艺术品。"这张桌子对你来说可能是一件艺术品，但对我们来说，它就是一张桌子。

这是我们磨炼技艺的方法。一个艺术家会因为灵感来临、"缪斯"造访或星辰荟萃才开始他的工作。虽然工匠与艺术家同样拥有知识、热情、技能和经验，但是工匠会每天使用他的工具来工作。可能你会觉得这只是修辞上的区别，但是我们相信它对我们学习如何写作很重要。每天我们都会尽自己最大的努力去做一名最好的工匠。我们已经做出了很多"桌子"。

🎮 我们开始吧

当你读这本书的时候会注意到，我们所关注的事情隐含着创作之中最核心的一课。我们相信某个运动鞋厂商的那句口号："只管去做！"无论何时何地，开始行动。你的第一件作品可能没法给你的客户、你的同事、你的朋友，甚至

你的狗看，但是你至少要做完。

有一件事很重要：设计师工作的一个重要组成部分就是将他的构思有效地传达出去。这件事往往需要用文字来完成。实际上，很多我们所见过的顶级文案存于设计文档中，永远都不会见诸公众。基本上我们合作的所有设计师都是优秀的编剧。因此，就算你的核心兴趣是设计，请务必花时间学习我们书中呈现出的写作要素。这会让你作为设计师的能力大大增强。

在本书中，我们提供了一系列可以尽快帮你从零开始的技巧。我们觉得尽快开始进行内容创作可以让你下意识地更有干劲。资深的专业人士知道，在大部分情况下，你的创意会在这之后自行组织起来。

那如果你的想法组织不起来怎么办？跟任何其他事情一样，写作是需要练习的。有时候，创作的过程比结果重要。如果你期望自己不论何时敲击键盘都能输出天才创意，那么你只能获得失望。但是请记住：你每次坐下来写作，就会比上一次更加自如，更加自信，所以不要害怕探索你的想法。最终，这些想法不会被浪费掉，它可能会适合你的下一个项目，或者下下个。

所以，欢迎来到我们的世界——电子游戏的世界。拥有不同的观点很正常，情绪也许会很高昂，事业的里程碑总是若隐若现，关键时刻就在眼前。这个世界里充斥着不同属性的人。他们或是风趣，或是充满想象力，或是才华横溢，或是傲慢。这个行业由大预算、尖端技术和跨国企业组成。这同样是一片游乐场，充满了创意和机遇，让我们有无数的机会来扩展自己所定义的娱乐视野。每一天，我们都很庆幸自己是其中一员。

如果你认为自己有绝佳的游戏创意，这本书可以帮助你将其转化为实际的、可以出售的作品。我们就是这么干的，我们也很高兴与你一起分享我们的故事。

弗林特·迪尔、约翰·祖尔·普拉滕

2006 年 7 月

第 *1* 关

数字宇宙中叙事的影响

🎮 一个被打断的入门介绍

很多书都会用一段历史说教开头。有些时候这些历史说教让人感觉作者只是（按开始键）为了凑页数，或者翻翻旧账。我们不会在讨论电子游戏时说这些（按选择键）。我们想谈的是一种新的媒介。这种媒介还没有成熟（按 × 键），也不知道（按两下 × 键）以后会向哪个方向发展。实际上我们连自己现在是什么状态都不知道。

想要知道（按△键）一件事要走向何方，最好的办法是看一下它之前的发展轨迹（按□键），然后画出一条路径。因此，请原谅我们（按○键）会以极快的速度简短回顾一下娱乐媒介的历史（按顺序按下开始键、选择键、开始键），大概用一页一千年的速度聊一下游戏过去五千年的发展（狂按开始键）。①

好了，你可能在想打断这个介绍的内容会是什么。其实我们要先介绍这个行业的核心要义。如果上面的这些段落是一个游戏里的剧情画面（cut-scene），那么对于你的一半受众而言，他们会狂按键跳过叙事的部分，直奔可操作场景。

---

① 这两段括号中的内容指的是索尼互动娱乐为 PlayStation 系列游戏机开发的一系列拥有触觉反馈技术的游戏手柄的按键。该游戏手柄包括△、○、□、×、L1、R1、L2、R2、L3、R3、开始、选择以及手柄模式切换键。

实际上，很可能你自己玩游戏的时候也这么干过。我们都干过。"这些人都在叽叽歪歪说些啥？我才拿到了一把超炫酷的枪，快让我把这些玩意都炸飞！"

行动练习（青铜）——玩一个游戏

　　在明天到来之前抽出时间坐下来玩一个游戏，最好是主机游戏。起码玩半个小时。玩完之后，写一个简短的体验总结。

　　请记住：你在创作的内容的呈现形式是电子游戏，这是一种互动媒介。对于你的受众来说，他们抱有的期望是能够投入，能够控制，能够玩。当然，就如同我们的现实生活，控制最多也就是一种幻觉或一种特殊情况，但是人类热爱控制。

　　在《斑马为什么不得胃溃疡》（*Why Don't Zebras Get Ulcers*）这本书里，生物学家罗伯特·萨波尔斯基（Robert Sapolsky）认为，幸福是由两种元素创造的——控制权，以及在你没有控制权的时候可以作为替代的可预测性。由于许多游戏的设计都依靠潜在的不可预测性来吸引玩家，所以控制权就变得更加重要。

　　你所有的创作和设计都会被其最终依赖的媒介所影响。对于电子游戏来说，作为编剧最大的挑战就是如何创造出引人入胜的故事，让玩家能够投身其中，增强整体的游戏体验，同时又不至于拖游戏的后腿。好了，这些东西我们会之后再解释细节，先回到我们之前被打断的部分来……

简史：我们是怎么走到今天的

　　几千年来，专业的讲故事方式都是靠人口头分享给他的观众，地点多半在一个火堆旁。人们会记住这些故事，在几千年的时间里口耳相传，不断地传到下一代。有些故事会在这个过程中不断被打磨、更新和提炼。传说会被不断重述，加入音乐和节拍。同时，故事中的元素也会为了适应说书人和听众的需要而有所改变。

　　终于，差不多到荷马时代的时候，一些人开始将这些古老的传说逸事写下来，西方的口头叙事传统开始消亡。不同的媒介繁荣起来，史诗以及它的小兄弟民谣流行起来。剧场变了，小说也变了。到公元前 4 世纪，亚里士多德写出了影响深远的《诗学》(*Poetics*)，戏剧传统到达了新节点。

　　到 20 世纪初的某个时候，这个过程开始猛地加速了。电影工业诞生了。一开始，它只是一个新鲜玩意；后来，它成为一种为后代记录影像的方式。每一种媒介在一开始基本都会照搬之前的媒介（游戏也是一样）。但是早期的创新者，比如大卫·格里菲斯（D. W. Griffith）发现可以通过剪辑、移动摄像机或使用不同的镜头来达到不同的效果。你可以通过画面而不仅仅是文字来叙事。你摆放摄像机的位置、布光、角度、剪辑、动作安排、音乐等都可以用来讲故事，而文字只能够在屏幕上一闪而过。然后，电影有了声音，电影工作者有了全新的可能性，他们可以用声音和音效来制作电影。电影语言诞生了。

电影语言

　　每个人现在都明白，如果你首先展示一个餐馆的外观，然后是餐馆里坐在一张桌子旁的几个人，那么餐馆外观镜头告诉了我们角色的位置。我们在看过成百上千小时的娱乐视频之后，会对于事件发生的顺序有一种天然的理解。视觉和剪辑让我们得出结论——这两个角色坐在我们在之前镜头中看到的那个餐馆里。这个结论简单明了，准确无误，但是对于早期的电影人和观众来说则是全新的。有人获得了灵感并敢于付诸实施，才会有"淡出表示时间流逝"这个概念。第一批导演努力解决的问题就是如何有效地与观众交流，向观众简练地传达信息。

行动练习（青铜）——拆解电影的语言

　　观察电视剧或者电影中的一个段落，列出其中的每一个元素。这个场景是如何开始，又如何结束的？电影语言用了怎样的"花招"来精简地向你传达信息？

我们在制作游戏的时候也遇到了同样的困难：如何创造出这个媒介独有的语言。到现在为止，我们仍然要依赖电影的技巧来表现出时间和空间的转换，通常会以过场动画或剧情画面（即游戏中的非互动型叙事段落）的形式呈现。

面向大众的媒介

电台的出现带给了我们可供成千上万人共同体验的大众媒体。大众娱乐中不再存在时差。当奥逊·威尔斯（Orson Welles）将 H. G. 威尔斯（H. G. Wells）的《世界大战》（*War of the Worlds*）变成可以在电台播放的广播剧时，他向我们展示了真实和虚构的界限模糊之后会发生什么并由此改变世界。在这代人之前，威廉·伦道夫·赫斯特（William Randolph Hearst）给我们上了差不多的一课——黄色新闻（yellow journalism）这种内容虚构但却能传达真实信息的报道可以在美国的政治中产生深远的影响。

既然我们提到了报纸，那么也必须提到漫画。《黄孩子》（*The Yellow Kid*）[①]这样的漫画出现时，图像叙事已经不是一种新鲜的艺术形式了，但是每日连载一个无休止的故事的想法是独一无二的。我们首次见证了一个角色和一个设定可以日复一日、年复一年地延续下去。这种媒介也在不断地进化，一直保持着新鲜感。对于 20 世纪 30 年代的小孩来说，巴克·罗杰斯（Buck Rogers）与他们在报纸上看到的其他东西一样真实。毫无疑问，连载漫画催生了当下扣人心弦的《绝岭雄风》（*Cliffhanger*）系列，而这种媒介又与现在的电子游戏创作和设计密切相关。很多著名的漫画超级英雄都有着超乎想象的感染力。举个例子，蝙蝠侠和超人很多年前就已经被创作出来了，但是它们对于当下的电子游戏产业来说仍是相当有价值的"大系列"。蜘蛛侠和绿巨人也一样。

我们发现，当漫画流行起来的时候，通俗杂志和小说也开始崛起。通俗小说甚至是比漫画更好的系列角色创作媒介。魅影奇侠每个月都会有新的冒险，我们每周都能从电台里听到他的故事。系列角色也不是新鲜事物，毕竟赫拉克勒斯[②]比漫画和电台中的那些英雄早了几千年。这个概念的新鲜点在于角色本身

---

① 黄孩子是美国连环漫画《霍根小巷》（*Hogan's Alley*）的主角，由理查德·奥特考特（Richard Outcault）创作并绘制。
② 古希腊神话中的大力神。

可以成为一门产业。他们不会受限于一个媒介，而是会横跨多个不同的娱乐媒介。通俗媒介的英雄逐步产生了两个同样重要的分支——漫画超级英雄和硬汉侦探，而这两个分支开始迅猛发展。

电台和电影有一个"私生子"——电视。电视最开始放映的是电台节目的影像版本（很多"黄金时代"的老电视剧现在来看都很棒），这些电视剧都预示着一种全新的媒介的出现。

那会是什么呢？（按顺序按下开始键、选择键、开始键、×键、开始键）我们拭目以待……

主题公园取代游乐园

叙事进化的另一个节点是华特·迪士尼（Walt Disney）在这方面做出的惊人创举——创造主题公园。想一想"主题"这个词，它可是写作的经典元素，一个人竟然将其用在了过山车上。在迪士尼乐园，你可以在现实中体验原本只存在于电视和电影里的虚构世界。马特宏过山车在比登山容易、比雪橇安全的同时又提供了一种有关这些运动的幻想式体验。你不需要冒什么险，就能成为冒险者。丛林巡游或者加勒比海盗就是为了在迪士尼娱乐产业中重现虚构的体验，而不用游客真的去非洲或者去见真实的海盗。不论过去还是现在，它都是一种从虚构中产生的虚构。这些体验不会让你得坏血病。

如果你觉得狂欢节上的"爱情隧道"是迪士尼乐园的前身，你是对的。但迪士尼在所有人都告诉它"幻想主题乐园不会成功"的情况下依旧很有远见。更重要的是，迪士尼能将真实世界里的人们带到故事中。

🎮 角色扮演游戏

角色扮演游戏大概出现在 20 世纪 70 年代中期。这种结合了兵棋推演游戏、数据统计、主题公园式沉浸体验和奇幻世界冒险的游戏让我们能够与自己的朋友家人一起在精神层面上沉浸在一个由玩家生成的世界里。从很多方面来看，加里·吉盖克斯（Gary Gygax）和他的同事在《龙与地下城》（*Dungeons & Dragons*，简称 *D&D*）的诞生上所做的贡献差不多等于爱因斯坦对物理学的贡献。游戏不再是在一个棋盘上移动一堆棋子兵人，而是在你的大脑里移动整个世界。当时人们叫它"终极个人电脑"。在角色扮演游戏中，你变成了另外一个人——一个在某个不存在的世界里行动的英雄或者恶棍。其他的玩家则扮演另外的角色，成为"你的冒险伙伴"。所有人都把这件事情当成真的。在游戏的设定里，你可以像自己七岁时那样在后院里玩"打仗游戏"。你可以搜刮恶龙的巢穴，从地牢里拯救巫师，与神秘生物战斗，在一个无垠的世界上冒险。更重要的是，玩家能够一起分享这个虚拟的世界，而且有一套精妙的规则来保证"公平性"。

这一切能成立并且延续下来的根本原因在于，每一位参与者、每一位玩家都在这个游戏的范畴里成为内容的创作者（用我们的话来说就是一个编剧）。游戏像存在于任何物理现实中一样存在于玩家的想象中。游戏会一直存在，而你所创造的角色会成为你在《龙与地下城》世界里的"化身"。《龙与地下城》的精妙和吸引人之处在于，它给玩家建立了规则和结构，放飞了玩家的想象力，让他们得以体验传统桌游或者兵棋推演游戏所无法达成的冒险。不过，《龙与地下城》所带来的最重大的转变或许在于"你不是在控制一个角色，你就是角色本人"。第一人称视角游戏（First-Person Game）就此诞生。这对于玩家和整个游戏社群的影响都极其深远。在电子游戏产业里，《龙与地下城》的影响如今仍然在延续。

在角色扮演游戏这个部分结束之前，我们应该提及另一个重要的元素，那就是游戏里第一次有了一个内置的叙事者。地下城主（Dungeon Master）并不是一个玩家，而是一个叙事者（以及裁判），引导玩家进行冒险。在这里，游戏并不一定要有竞争性。实际上，合作是游戏体验的主要元素，也是游戏乐趣的一部分。玩家们接受了同样的设定，相信地下城主所呈现的这场冒险之旅。

🎮 "大系列"的诞生

在《龙与地下城》成为现象级事件后不久,《星球大战》(*Star Wars*)系列电影彻底颠覆了娱乐产业。它以前所未有的方式将漫画、悬疑片、电视和电影融合在了一起,同时兼具令人惊艳的新鲜感和让人舒适的熟悉感。

乔治·卢卡斯(George Lucas)的这部名作从任何层面来讲都是一个大杂烩。它是一部荷马史诗式的英雄片,是西部片,是《拂晓巡查》(*The Dawn Patrol*)式的空战片,是悬疑片,是《绿野仙踪》(*The Wizard of Oz*)式的冒险故事,也受到了漫画〔诸如杰克·科比(Jack Kirby)的《新神族》(*New Gods*)〕的影响,片中还融合了东方禅宗和新世纪福音的美学。它同时包含了以上所有内容。《星球大战》在很大程度上融合了之前的所有元素,并且为未来指明了道路。它也为我们所定义的"大系列"制定了标准。《星球大战》作为一种娱乐产业,超越了媒介的限制。在电影之外,它衍生了一系列层出不穷的玩具、游戏、服装、书籍、杂志以及收藏品,而且它就像《星际迷航》(*Star Trek*)系列一样,拥有狂热的粉丝群体,他们永不满足(《星际迷航》原初系列电视剧被奉为小众经典,在《星球大战》之后才具有"大系列"属性)。

第一部《星球大战》电影上映的时候,玩家们在玩一个叫《太空大战》(*Space Wars*)的电子游戏(你仍然可以在网上找到这个游戏的模拟器版本)。很显然,它不像今天我们能玩到的《星球大战》游戏,里面没有你在电影里能看到的熟悉角色,但它确实提供了一种与你在电影院里经历过的宇宙相类似的互动体验。

行动练习(青铜)——标志性元素

选择一个你喜欢的具有"大系列"性质的游戏、电影、电视剧或小说。写下五个你在想到这作品时马上就能出现在脑海里的"大系列"标志性元素。比方说《星际迷航》里的"进取号",《24 小时》(*24: The Game*)里的反恐局徽章,劳拉·克劳馥(Lara Croft)的枪〔不论这把枪是在她的腰间或者是胸前,只要你能想到它,这就算是《古墓丽影》

（*Tomb Raider*）的标志〕。不管选了什么，问问自己你为什么会记得这些。如果你能做到，试着写下来你为什么会觉得这些是重要的"大系列"元素。

🎮 早期游戏中的叙事

最初的电子游戏没有叙事元素，但是都有一个设定，诸如雅达利[①]的《小行星》（*Asteroids*）、《导弹指挥官》（*Missile Command*）以及《大蜈蚣》（*Centipede*）这些经典游戏，其叙事性已经体现在游戏的过程中了。在《小行星》里，你是一名星舰飞行员，要在星际冒险的过程中努力存活，对抗小行星和外星人。《导弹指挥官》里你则需要负责拦截来袭的洲际弹道导弹，保卫你的城市免遭某种破坏。这些游戏没有过场动画，但是通过简单的玩法描述，你实际上就已经在为这些游戏生成一个故事了。

不过，这些早期的游戏基本上只关心玩法，交互和叙事的融合在这之后才出现。这种融合把我们领向了互动叙事。

🎮 叙事者的传统

叙事者的传统并不起源于电脑游戏，也不起源于互动小说〔例如《惊险岔路口》（*Choose Your Own Adventure*）〕或《龙与地下城》。对于大多数人，这一角色起源于睡觉前有人答应给你讲故事的时刻。你知道他们的目的是要哄你睡觉，但是你不想睡。你希望在被单独留在房间里之前尽可能拖延时间。如果故事带来了一次美梦，故事讲完时你已经睡着，那么这就是一次很好的体验。

睡前故事大体也是从类似的套路开始的。首先，从那些世界各地的人们世代相传的老掉牙的故事中选一个你喜欢的童话故事吧，比如《糖果屋》（*Hansel and Gretel*）、《灰姑娘》（*Cinderella*）等。每个成年人都能够讲这些故事。所有

---

① 美国电脑公司，街机、家用电子游戏机和家用电脑领域的早期拓荒者。

人都记得不同的部分，有自己的一个版本。有些人把恐怖的部分去掉了，而你会牢牢记得；有些人则强调了吓人的部分，害得你做了场噩梦；有人或许还会把具体情节顺序搞错，你会提醒他们讲错了什么；还有些人会添加一些情节，甚至将剧情带到某些奇怪的方向上去。

谁会给你讲故事呢？可能是你的奶奶。她讲的故事充满野性，其中甚至还包括一些弗洛伊德式的元素，但是你会笑得很开心。这里的关键在于你是与关心你的人分享故事，而这件事对所有人来说都很棒。可能直到你跟朋友们一起玩完《龙与地下城》之后，你才会再次拥有这样鲜明的叙事体验。你拥有的这些互动体验就算内容千差万别，之间也隔了许多年，但看起来还是会非常相似。

不论内容如何，睡前故事都是几千年来的口头叙事传统的延续。无论你是否意识到这一点，我们在孩童时期所听到的那些引人入胜的故事，仍然会对我们如今的创作产生影响。你去研究任何一位著名的艺术家，一定会发现他们在儿童时期所接触的文学、电影、电视等艺术形式留下的痕迹。当然，对于那些新生代电影工作者和演员，还得加上游戏。

游戏就是这样——它是一种我们可以分享和讨论的令人兴奋的体验。它会对我们造成影响，给我们留下印象。这种影响是传统娱乐形式无法做到的，因为在玩游戏的时候，我们是这个过程中的积极参与者。

电子游戏产业中目前已经有了第二代从业者。今天的设计师、制作人、编剧、艺术家以及程序员都可以回头去看他们小时候玩过的游戏。这些旧时游戏的核心机制和玩法规律都以自己的方式渗透进了他们所开发的游戏之中。我们

行动练习（白银）——讲述一个睡前故事

讲述一个睡前故事，最好是给一个小孩讲。不要去找一本故事集来读，凭着你的记忆来讲，或者编一个也行。随便用些天马行空的元素来给这个故事润色。这是我们唯一一次鼓励你让你的观众睡着。写下你对这次体验的想法。哪些部分起作用了，哪些没有？你是否感受到了灵感的降临？如果是，想想你是怎么做到的。你是否还能做到？

如今通过开发电子游戏创造出的这些故事和体验也将会是下一代艺术家的影响之源。

电视的进化

我们玩主机游戏时，基本上都是盯着电视机。它是我们与程序内容交互的唯一视觉媒介。我们看电视时坐的椅子或者沙发，也是我们玩游戏时坐的椅子或沙发。这与玩电脑游戏的体验是不一样的。在电脑上玩游戏时会有一种直接性和亲密性。你就坐在显示器前，使用鼠标和键盘来控制游戏。你的思维处在你为电脑所创造的这个空间之中。对于很多人来说，电脑同样是我们工作的地方，我们会为自己创造一个有助于使用电脑的环境。

我们看电视时同样也会选择最舒服的姿势。一般来说，我们坐在电视机前，期望的就是获取信息或者娱乐。我们不会把这个"蠢蛋盒子"当成工作的地方，而我们为看电视所创造的环境就反映了这一点。所以，我们玩主机游戏时候的思维方式就这样巧妙地被"我们正在看电视"的事实所影响。我们创作和设计游戏的时候经常会忽视这两种媒介的关系，但是我们观看到的内容和玩电子游戏时所处的位置之间的整体联系，会对我们的游戏体验造成很深刻的影响。

20世纪末成长起来的人从电影、书籍、杂志和其他很多媒介中体验的是线性的故事。然而，如果我们将其放在元叙事的范畴中，最接近非线性叙事的媒介就是周更的电视剧。这就好比是一副每周都会被重新洗一次的牌。举个例子，我们来研究一下早期的经典节目《安迪·格里菲斯秀》(The Andy Griffith Show)。每一周，安迪和巴尼都会待在警察局、监狱或法院里，然后某人会走进来，将他们引入一个故事中。这件事可能是奥佩想要在一次拼字大赛中取胜，或者是州长来到了镇上，也有可能是贝姑姑打算给安迪安排一次相亲，但这些都不重要。每一集结束后，整个故事就会重启，下一周大家就会回到梅伯里警察局，等待下一个故事开始。当然，故事会有一定的连续性。塞尔玛·劳和巴尼的关系一直有点暧昧；安迪和他女朋友的感情会升温，最后他们会结婚。一些客串的角色也会来来去去——例如戈默的角色有了自己的电视剧《戈默·派尔，来自美国海军陆战队》(Gomer Pyle, U.S.M.C)，同时还有了衍生剧《丹尼·托马斯秀》(*The Danny Thomas Show*,《安迪·格里菲斯秀》在剧中"出演"它自己)和新角色库珀。在电视剧中间的部分,欧内斯特·T. 巴斯登场,大家都很喜欢他,于是他时不时就会回来。还有一些角色本来是固定角色,但是发挥不好,只能打包走人,再没出现过。到最后,安迪自己也走掉了,于是这个剧的续集就改名为《梅伯里·R. F. D.》(*Mayberry R.F.D.*)。

那个时代的电视剧生发出了新的互动形式——粉丝在电视剧的推进中占据了重要的位置。确切来说,第一部彻底靠粉丝决定生死存亡的电视剧便是《星际迷航》。粉丝的支持曾让它续订了整整一季。[①] 现在,得益于互联网和即时反馈,制作人和掌剧人(show runner,电视剧的编剧兼制片人)很快学会了如何调整电视剧的调性来迎合粉丝——在这样一个日益分裂的市场中,越来越多的电视剧都完全取决于粉丝。

电视剧同样确立了自己的模式,培养了观众的观看习惯。电视剧就像以前的电影一样也有自己的语言。如果一个观众在看情景喜剧、剧情片、医患剧或者是警匪片,那他知道自己的预期是什么。除去内容,这些电视剧的呈现模式是可预测的、公式化的,甚至可以说是让人舒服的。

到 1981 年,这一切全变了。《山街蓝调》(*Hill Street Blues*)的出现打破了所有这些规则。它集犯罪、黑色喜剧以及群像剧元素于一身,同时随机展开多条故事线,剧中还包含角色之间对话、骂架以及一些无法听清对话的混乱场面(还有镜头运动)。动作戏的表现形式则是单个镜头内多个事件同时发生,不会有摄像机架调焦提示你应该关注哪里。它的故事线会持续下去而不是每周自行将问题解决掉。故事情节发展复杂盘旋,由多个性格有缺陷的角色驱动。虽然中心角色是弗兰克·弗瑞洛警长,但是很多角色同样也会成为某一集的"明星"。事情永远不会仅限于简单的因果。

一开始,观众不知道如何反应,他们对这个剧敬而远之。然而人们理解了《山街蓝调》的独特语言后,发现自己被它迷住了。该剧在大众和批评家那里都获得了好评,影响了之后非常多的电视剧。它的另一个作用则是让观众熟悉了叙

---

① NBC 因收视率低而且广告收入也不理想,曾计划取消《星际迷航:原初系列》(*Star Trek: The Original Series*)的第三季,其忠实粉丝们因此展开了一场前所未有的争取运动,说服 NBC 继续制作第三季。

事和娱乐的全新手段，而这些手段我们如今在电子游戏中仍然在运用。

不论如何，互动性的种子已经在流行电视节目中播下。此外，我们是人并且生存在连续时空之中，因此不管这些剧集想不想，它们总是要往前推进。演员会变老，会死去，会退出去演电影，而动画片作为电子游戏之路的下一个铺路石，就没有这样的问题。

🎮 传统动画来带路

动画角色不会变老，也不会长胖，没有档期问题，更不会想要改变职业方向。动画角色和电子游戏角色一样，会做任何编剧和动画师想让他们做的事。他们的本质不会变化，而是会随着这种媒介成长。想想电视上仍然在播放的长青剧集《辛普森一家》（ The Simpsons ）。它的艺术风格基本没有变化，编剧和制片人来来去去，配音演员偶尔会有合同上的争议，但在大多数情况下，这个剧从 20 世纪 80 年代开播以后基本上就没什么变化了。除了有相当多的创意人员参与制作，该剧集的成功还来自其本身的延续性和熟悉感——巴特和莉萨仍然是我们二十年前认识的那两个孩子。

实际上，凭借数字媒介，我们不但可以让角色停止生长，还可以倒转时间。在这本书写作的时候，肖恩·康纳利（Sean Connery）在游戏《007 之俄罗斯之恋》（ From Russia with Love ）里重新出演了他最有名的角色詹姆斯·邦德（ James Bond ）。他在游戏里的扮相跟他在 1963 年出演电影的时候完全一样。肖恩·康纳利老了，但那又如何？在游戏里，在 DVD 中，他是邦德，詹姆斯·邦德，永远三十三岁。

🎮 游戏作为动画的另一种形态

不管一些主机制造商如何力争达到"照片级真实"的效果，如今的电子游戏在很多方面依旧与动画有更多的相似之处，而非真人电影。游戏很少会依赖拍摄来积攒素材。相反，角色和世界都是 3D 建模出来的，其使用的软件和技术与电影特效使用的基本相同，参与游戏制作的动画艺术家或许也在传统娱乐领域内工作。游戏中用的配音演员也和动画是一样的。音乐和音效同理。当然，二者最大的差别来自设计、工程（编程）和内容开发。如果你去一个顶级的 CGI（计算机生成图像）工作室，再去拜访一个顶级游戏开发商（一般也叫 A 级开发商），你会发现大多数人干的事本质上是一样的。

游戏开发的三个主要时期

接下来我们快速地过一遍游戏开发的三个主要时期，以及它们是如何影响我们在游戏产业中的角色的。

原始时期

首先是游戏的第一个时期（这里"原始"不是贬义词）。由于硬件性能非常有限，所以故事要么是游戏的主要部分（文字冒险游戏），要么是无关紧要的部分（街机游戏）。这个时期的游戏很大程度上要看玩家愿意"投资想象力"的程度。图像部分都很基础，但是游戏玩法很吸引人的话，玩家会自己给技术做不到的部分填空。

Twitch 游戏（考验玩家反应和输入能力的游戏）主导了早期的主机市场。这个市场一开始是由雅达利开拓的，之后智能电视公司（Intellivision）也进入了市场。

多媒体时期

然后我们进入了多媒体时期，或者可以说是"傻莱坞"时期。这个时期发端于 CD 媒介的出现，所有人都开始涉足这一领域。《神秘岛》（*Myst*）是这个时期最著名和最有影响力的游戏之一。这个时期大家都很"年轻单纯"，"道具再利用"是关键词。所有的东西都可以做成交互式的，什么都能做进游戏里。蒂莫西·利里（Timothy Leary）宣称多媒体是新的迷幻药。这个时期发行的上百个游戏里除了交互什么都没有。

在任天堂和世嘉两家公司的体系下，大量的家用主机游戏繁荣起来，它们同样也被卷入这场多媒体爆炸中。其中最值得注意的是世嘉 CD 所搭载的全动态影像（Full-Motion Video，简称 FMV）。

有支线剧情的交互式故事流行开来。每一个人都自以为到了娱乐形态实现重大突破的关口（很大程度上，游戏叙事如今仍然在处理那个时期留下的后遗症）。很不幸，大家都想错了。多媒体时期在 1996 年圣诞前后彻底垮台，但是它的确为接下来的 ".com" 繁荣或萧条做了很好的铺垫。

复杂时期

PlayStation 的出现宣告了复杂平台时期的到来。这时，游戏的画面真实程度已经到达了一个全新的高度——它可以同时吸引眼睛和手指（在游戏产业里，一个视效震撼的游戏被称为"眼睛糖果"，而一个快节奏的 Twitch 游戏被称为"手指糖果"）。电脑游戏开始利用 3D 显卡。真实性变成了新的标准。第一人称射击游戏在电脑和家用主机上同时进入全盛时期。殿堂级平台动作游戏形成了庞大的"大系列"，比方说《古惑狼》（Crash Bandicoot）。我们也见到了多人游戏和网络游戏的第一缕曙光。

我们现在就处在复杂平台时期。我们可以拭目以待，看 Xbox 360、PlayStation 3 或者任天堂 Wii 会不会引领我们进入下一个新世代。目前，游戏的视效和深度都有所增加，但我们还没有看到游戏在设计上的飞跃。

行动练习（青铜）——复古想象

选择一个当今你最喜欢的游戏，想象让它在早期游戏平台上运行的情况——比方说雅达利 2600。这个游戏的哪些元素是可以实现的？如果其核心机制是可以玩的，那么你会为其原始的图像水平所困扰吗？如果你觉得你最喜欢的游戏不可能在过去实现，为什么？写下你的想法。这个游戏还会有趣吗？它是否还是好游戏？

创新在任何阶段的中期都发展得很缓慢，只有美术水平和润色水准在进步。我们看到很多授权、续作和"换皮"游戏只是在缓慢进步，不指望有什么完全不同的东西出现（尽管美术上的突破倒是有可能）。例外总是会有，但也只是证明了这个规则。尽管如此，你也不要将其视为停滞，而是当作某种稳定的状态。在多数情况下，最具创意的点子往往不关乎持续挑战极限，而关乎从新的角度去审视这个形式，或者用这个形式去做一些以前完全没想到的事情。创新不需要也不应该依赖于技术的持续进步。

我们所耕耘的这个时代的前景比以往任何时候都更令人兴奋，游戏产业已经有能力与其他娱乐形式竞争。电视的观众正在流失，他们现在宁愿玩一个新游戏，也不愿去看重播节目。大卖的游戏销售额已经超过了电影票房。有句老话说："尊重是赢来的，而不是求来的"。现在，游戏已经赢得了这样的尊重，需要被严肃认真地对待。整个娱乐产业都注意到了这一点，并且很多人都想要一起前行。

🎮 轮到你了

现在，我们可以一起开始在这个游戏世界中旅行了。将之前所有的叙事手段都融合进来，用一种之前无法想象的方式操作世界和角色，你就站在操纵的行列之中。娱乐的历史上并无这样的前例。游戏让我们沉迷其中，欲罢不能，也给我们带来震撼，让我们感到满足、愤怒、生气、惊慌以及恐惧。它让我们产生觉悟，甚至在某些情况下也变成我们的一部分。

好了，理论和历史课已经差不多了。现在要干点实际工作了。

按下开始键吧。

第 2 关

游戏故事结构与工作路径

🎮 游戏主设计师和游戏编剧的区别

在这本书里，我们常常会谈到游戏主设计师（lead game designer）和游戏编剧的工作和责任。这两者的工作内容大多是重叠的，但是我们也要弄清楚区别。

游戏主设计师

设计师负责游戏中的所有创造性内容，其中包括角色、世界、核心玩法、关卡结构和设计、核心机制、武器、玩家角色能力、故事、可使用道具、物品栏系统、游戏风格、操作……说这么多，你应该懂了。你可以将游戏主设计师类比成电影的导演。玩家在游戏里可以看到、用到、射击、修改、探索或掌握的一切东西都由游戏主设计师负责。

游戏主设计师与开发组的其他所有成员一起负责游戏的视觉部分。

游戏编剧

游戏编剧做的工作主要涉及游戏的叙事内容构建，以及如何将这些内容与游戏玩法结合起来。其中主要包括故事、角色、世界、背景神话、生物、敌人、神秘力量、基于现实还是超越现实的设定、技术等。游戏编剧经常要参与顶层设计，因为只有故事和玩法紧密结合起来，才能形成令人惊叹的游戏体验，而这一点往往是由与剧情关联的游戏玩法带来的。

游戏编剧应提供所有游戏叙事段落的剧本，不论是处于预渲染状态或已经达到可实机操作状态的过场动画，还是角色的对话。游戏编剧同样可能会撰写玩家在游戏中发现的设定相关文本（比方说稀有卷轴上的文字）。

游戏编剧通常会与游戏主设计师和制作人一同工作。

游戏内容创作的独有困难

构建故事的方法有很多，包括单一走向的线性叙事和开放叙事。在这里，我们要将游戏中的故事大致分出不同的类型。事先声明，这个分类并不完全明晰，因为在不同故事类型相互融合的过程中，又会产生新的类型。不过，这种分类终归是有意义的，所以我们要将故事的分类方法以及它们对编剧的影响一一列出来。

如果你有影视编剧背景，你应该知道，相比电影，游戏的创作有其独特之处。迭代的过程意味着事物不断被移动和反复修正。这种事只是偶尔会在电影临近拍摄或拍摄的过程中发生，而在游戏设计中它却经常出现。不断改写是取得进步的一环。编剧应该接纳这个过程，因为它意味着你在前进。如果电影跟游戏有一样的开发过程，那么拍摄一条街道的过程会是这样的：

拍摄街道的镜头；

看一眼效果，加上雨水；

拍摄街道的镜头；

看一眼效果，把商店招牌涂成红色；

拍摄街道的镜头；

看一眼效果，让车动起来；

拍摄街道的镜头；

> 看一眼效果……还是没有雨比较好；
>
> 拍摄街道的镜头；
>
> 看一眼效果……晚上下雨可能会好点；
>
> 拍摄街道的镜头。

重复以上过程。传统拍摄过程中的主要问题是成本高昂，所以你得在之前就把所有的部分都想清楚。而在游戏里构建点子、关卡甚至核心玩法的过程中，你还是会有新的想法冒出来。项目可以不停地修改几个月，直到游戏稳定下来，达到"测试版状态"（Beta Stage，发售的前一环）。

通常，我们开始写作的时候都相信（但愿如此）故事核心的问题已经自行解决了。不幸的是，这种情况很少发生。我们只能在某个阶段拆掉整个故事，去寻找其中的核心元素。你的故事看似遇到没法解决的困难时，也是一个发现问题以及寻找解决方法的好机会。你能从已经成形的故事基本结构或刚写作完成的素材中找到它们。这也是为什么我们一开始就很注重准备工作。现在我们要来谈一谈如何构建一个游戏。

操控、展示、解释

请记住，你的故事要与游戏机制统合起来。这点很重要。你的故事越能通过游戏机制展现出来越好。电影里有一条公理："不要解释，要展示。"对于游戏也有一条类似的准则："不要展示，要能玩。"

如果有可能的话，你要让玩家在关键的叙事段落中拥有控制权。你可以让他们通过行动来触发叙事段落，或者给游戏中的关键场景设置剧情解释（例如，一个配角因为玩家没有保护他而死亡）。简单说来，叙事的优先顺序应该是：操控、展示、解释。

行动练习（白银）——叙事优先顺序

　　用"操控、展示、解释"这三个模式写出三个版本的游戏段落以及每个段落对应可行的方案。比方说，如果你的角色需要炸开一道门，一个版本是通过游戏机制炸开门，另一个版本是在过场动画中展示"角色炸开了一道门"的效果，第三个版本则是角色向另一个人叙述他炸开门的经过。思考每一个版本的意义。哪种方法会让玩家更满意？哪一种对于开发来说效率最高？有没有一种办法来折中？

🎮 不要削弱主角

　　游戏叙事中的一个很大的问题在于，游戏的需求与叙事的需求经常会冲突。玩家扮演主角，游戏需要给玩家传达信息，所以有些游戏会让主角成为游戏里最弱智的那个角色。所有人都告诉主角下一步做什么。主角自己没有其他人都有的知识背景。他问了太多问题。这位英雄有一个"操纵者"——就好比他是乘客，坐在某辆由司机驾驶的货车里。主角不知道该怎么办了。有个经典的设定就是"主角失忆了"。这种情况经常会发生在一个背景丰富的角色身上。而在这种情况下，主角往往成了故事里最弱的一个角色。

　　如果你能想象游戏设计师想要告诉玩家的是什么，就能理解为什么会发生这种情况了。不过，在实践中，这不仅会削弱角色本身，更会让玩家觉得自己很无能。没有人喜欢被人指挥，特别是在游戏里。游戏的意义在于给予玩家权力，因此创造一个"自负"的叙事方式并将玩家置于从属位置是不会成功的。如果你做的是一个授权游戏，这样做更会伤害角色，你自然也不会成功。如果你的叙事跟唐僧一样，所有的角色都只会指挥玩家"去这里……去那里……跟这个家伙说话……拿到这件东西"，那游戏就变成了一堆跑腿活，玩家变成了跑腿的那个人。

　　这是故事驱动型游戏的主要问题之一。发行商和开发者开发游戏的时候会寻找有创意的编剧和设计师，希望能够解决这个困境。我们有一个完美的例子能让你释放创造力。

首先，我们让主角"待在角色里"。然后，我们让主角主动出击，而不是被动接受，让他用提出需求代替打听消息。简单的焦点改变就可以让主角走在前面。比方说主角的时间要用完了，我们就安排他去找自己的管理员，而不是让管理员来找他。我们需要知道主角的目标以及他达成这个目标的方式。如果整个叙事过程没有削弱我们的角色（也就是我们自己），就会给我们带来相当满意的游戏体验，也让我们对自己的进展感觉更好。

角色需要自发行动，而不是接受指令，这样才会成长。不过，这也不是一个硬性规则。总而言之，你需要非常清楚地知道角色在游戏里被唠叨、被指挥或者是被命令的次数。如果是一个军事模拟游戏，这是说得通的。但如果主角是一个从酒保那里领了任务的芝加哥南部黑帮分子，这是说不通的。你可以做的是让这个黑帮分子喝令手下小弟把酒保打一顿，问出信息。无论怎么做，请记住，让你的角色"待在角色里"。

行动练习（白银）——不要削弱主角

设定如下：三个角色分别拥有主角冒险所需的信息。一个人知道他需要去见谁，一个人知道他需要去哪儿，另一个人知道他要什么时候去。写一个段落，让主角主动来获取这些信息。他可能会威胁或者欺骗这些角色，也有可能偷听，或者用什么东西来交换。你的主角唯一不能做的就是直接去询问。发挥创意，并且让主角"待在角色里"。

构造故事

从哪里开始构建整个故事呢？我们有如下一些办法。市面上告诉你如何把控故事节奏的书至少有 1000 本。我们不打算当那第 1001 本。游戏故事进展的最佳办法是把它设计得像过山车一样。

考虑如下元素：

- 兴奋放缓

- 构造悬念

- 兴奋程度提升

- 意料之外的"阻碍"

- 悬念高涨

- 最终的狂野之旅

- 庆祝胜利

- 冒险结束

游戏的这种结构就相当于给你的故事绘制了一张"节奏地图"。

你之前如果有写小说的经验，就会注意到我们还没有提及经典的三幕式结构。一般我们会把这一点留到最后考虑，因为强行让游戏故事符合传统结构会妨碍创意过程。我们的游戏故事会逐渐形成起始、中场和结尾。但是与影视编剧不同，我们不会过多思考"第一幕会发生什么"这种问题。相反，我们会将注意力集中在我们的角色、世界设定和玩家在关卡中会面临的挑战上。当这些部分都到位了，我们才会回过头，用传统的叙事技巧来创作游戏的故事弧线。

编剧友好模式

游戏的故事越线性，对编剧越友好。线性的游戏是可控的。你不用考虑玩家可能会干的 5000 件事情，然后覆盖每一种可能性。你一直知道对方的位置、他在干什么以及他为什么要那么做。这里的重点在于如何让故事变得足够吸引人，让玩家一直玩下去，直到看到结局。

在线性的路径里玩家没有选择。完成设定好的目标就是成功，没完成就是失败。玩家在这种游戏里扮演的角色是已经设定好的，没有选择。你玩《洛克人》（Rockman）能玩得多好？《洛克人》的玩法可能有一些变化，但是基本上角色的行动是完全由设计师决定的。

线性和非线性的游戏的差别在于，线性的故事驱动玩家进行游戏，非线性的故事则基于不同的剧情模块。这些剧情模块有自己的机制，加在一起塑造了一个内容更广的故事。

在任务主导型游戏里，我们采用的是开放世界的设计。你可以在外面随便闲逛，但是你会有一系列强制或者可选任务，同时你也需要遵循一条故事的主线。

编剧困难模式

这种形式的剧情因其更"跟着感觉走"而不是那么可控。这些游戏会出现大量需要编剧写的支线剧情，或是非常多与非玩家角色（Nonplayer Characters）交流的情况。实际上，这些游戏也会有线性的任务主导型故事线，玩家可以得到很多不同的游戏体验。在高自由度游戏里，故事里没有过场动画（cinematic）或者明显的间断。这类游戏是开放世界设计，玩家的故事就由玩家的行动来决定。事件是不会有明显的顺序的。

连续剧情（consequential story）可以平衡结构和自由度。在这里，游戏世界是活的，它本身就有记忆，你的行动会造成后果。比方说，如果你干掉了一个帮派成员，那个帮派就会追杀你，除非你帮他们完成了一个任务。

在一个角色扮演游戏里，玩家推动剧情的过程就是塑造角色、影响世界的过程。玩家的经历就是剧情本身。这里的问题在于你必须根据玩家角色的状态和非玩家角色的交互变化，预计出几千种不同的剧情支线。举例来说，角色对待一个攻击性较弱的性感女盗贼的态度，就会和对待一个浑身伤疤的野蛮人完全不同。角色之间的对话会让人觉得非常"公式化"。这种游戏最好的实现方式便是在大型多人网络游戏里让玩家自己创造对话。

分支叙事的类型

顾名思义，分支叙事（branching narratives）和树的分枝是一样的。剧情的主线就是树干，某些特别的关键节点会触发一些其他的事件，就像大树的树枝。

有限分支

有限分支型故事（limited branching）会在"是、否""黑、白"等目标问题之间徘徊。游戏根据后果或者玩家做出的选择会导向特定的分支。很多早期的冒险游戏就是这种结构。如今这种结构已经不流行。这种故事通常只会有一到两个分支，然后就回到主线剧情。这通常意味着故事会设法让玩家回到"正确道路"上。这种类型的分支会有多于一个结局。

开放结局

开放结局型故事（open-ended）复杂且具有野心。玩家在游戏里会遇到多条故事线，每一条故事线之间会互相影响。这种类型的故事可能会很快失控。稍加计算，你就能明白不同的分支和变化会无法控制。这种类型故事的另一个主要问题在于，你可能会投入很多的精力、时间、创意和资金到游戏和故事里很多玩家完全不会接触的元素上（因为他选择了另一个分支，完全错过了这些元素）。

漏斗型叙事（关键点结构）

在游戏叙事使用漏斗或者说关键点（chokepoint）结构也很普遍，原因也很明显。首先，你有可控、可实现的方法来引导玩家回到游戏的主线剧情上来。第二，你给予了玩家探索的自由，然而你也能够恰到好处地决定剧情何时何地可以往下展开。举例来讲，你可以让玩家进入一个环境，探索多个故事线，但是他必须去拜访小镇酒保才能把剧情往下推进。酒保成了游戏和剧情的关键点，所有的游戏元素都指引玩家前去与酒保对话。这种结构中的关键点会成为游戏的剧情模块。

关键路径

与有限分支类似，关键路径型游戏（critical path）会有一条主线，只允许玩家偏离一点点。然而，偏离预设主线并不会对剧情造成任何影响。

节点叙事

许多开放世界游戏采用了这种类型的叙事。节点叙事（nodal）依赖于地点以及物件。游戏叙事的每一个节点都是一个打包好的模块，有自己的设定、中间点和结局。总的来说，这些故事节点可能会影响后面更深远的剧情，或者只是游戏里一个很精彩的分支。一般来说，这种叙事结构不算是传统的分支结构（某个游戏是节点叙事还是传统分支结构，这一点是可以讨论的），但是从节点到节点的故事发展经常依赖于之前故事的发展，所以我们认为节点叙事可以看作是一种伪分支结构。

🎮 故事类型

游戏目前有几种故事类型。很有趣的是，所有的故事类型都可以用之前的媒介来对比。

章节式

我们用一部很老的电视剧《考斯比一家》（*The Cosby Show*）来打个比方。这个剧基本上每一集的剧情都会重置，跟上一集没有关系。在影视行业中，"章节式"这个词有点贬义，它通常意味着"这剧的内容加起来没法构成一个完整的故事"。然而，你玩过任何一个游戏是纯章节形式，每一关卡跟上一个关卡没有任何关系的吗？虽然我们聊了好多关于章节式故事的内容，但是这个类型实际上指的是厂商将故事的每一章做成独立的游戏后分开卖给你，而不是一次性卖一个完整的游戏给你。

电影式

这是一个常见的游戏结构。基本上，拿一部动作电影，把动作部分替换成游戏就可以了。你也可以用过场动画代替影片中对话的场景。

系列式

系列式（serial）大概介于章节式和电影式之间。很多游戏都是这样的结构。你所体验的每一关的剧情是不一样的，每个关卡在结尾会有一个悬念，把你引入下一关。

故事类型没有对错。很多玩家都能很高兴地打完整个剧情——有点像看一部动作片，只是动作的段落需要他们自己打。很多游戏就是为这类玩家准备的。其他玩家则选择角色扮演风格的游戏（这种类型也有很多分支和变化），自己塑造角色，完成有挑战性的目标。

游戏里角色扮演的成分越多，玩家决定角色的自由度越大，就越不可能采用授权或者系列角色。比方说，DC漫画不大可能授权一个超人胡乱杀害路人的游戏。

⦿ 作为游戏和故事驱动的过场

与被动的娱乐媒体不同，游戏剧本并不只以故事的形式存在；故事能为玩家创造一种全沉浸式的体验，同时在游戏里也有特别的功能。为了支撑故事，叙事性的过场动画应运而生。所以，设定过场会让游戏结构有迹可循。

以下是几种常见的过场动画类型。

设定

叙事的一个常见用途就是设计角色在关卡里会面临的挑战，有些时候还包括关卡里的一个剧情。精巧的设定通常包含关卡开始时的一段过场动画。如果是短一点的游戏，这段过场动画就可以放到游戏过程中。有些情况下设定就是一段语音介绍。

报偿

我们也称之为"夸夸反馈"（attaboy），也就是叙事层面的"拍肩"。在多数情况下，这是过场中视觉最丰富的部分（比方说大桥被炸飞，我们的主角跳下来逃出生天）。解决故事之余，报偿也能让玩家确定他完成了游戏中的挑战。

回放

叙事同样可以用来让玩家知道他在哪里犯了错误。玩家操纵的角色因为踩入雷区或遭人埋伏等原因而被杀死时，就可以出现一个回放镜头，显示玩家在哪里犯了错误。

拓展

拓展跟回报类似，但是范畴更大。过场动画可以引入新的世界、新的技术、新的角色、新的武器以及新的技能等。这些东西都是玩家在游戏中升级后得到的。

角色历程

在游戏里，玩家玩游戏的过程就是和角色一起经历冒险的过程。故事可以用一种特定的场景来展示角色的成长历程，看他如何变得更加强大、更加聪明，甚至是更具破坏性。这种历程同样可以是感情上或者剧情上的，会在故事和玩游戏的过程中体现出来。

说明信息（任务简报）

你可能需要用更具创意的方式告诉玩家他的任务是什么。举个例子，表面上，我做了一段指挥官告诉主角他必须抵达山顶碉堡的过场动画，但实际上这就是在暗示玩家他的任务目标。玩家不一定需要马上知道这些信息。如果我们给玩家的一些信息在之后会有用，那么游戏过程就会很有趣，玩家也会体验到在游戏里探索的快乐。

过场动画也可以用来让玩家知道他必须处理的某些重要变化。比方说，你在探索一个地下洞穴的时候，前方塌方阻断了道路。

建立规则和期望

　　游戏叙事最重要的任务之一就是帮助玩家理解游戏的规则。叙事同样可以用来帮助玩家建立期望。在游戏一开始的时候，用一些简单直白的叙事会建立起接下来的基调。

> #### 行动练习（黄金）——写出一个设定和报偿叙事的段落
>
> 　　好了，现在你可以这样做。运用自己的创意，或者也可以挑一个自己喜欢的游戏，创作你自己的版本，然后写出一个包括设定和报偿的叙事段落。思考这个段落需要传达给玩家的是什么信息，以及这个段落的节奏是怎样的。在这个过程中，请记住玩家总是期待可以控制游戏。我们会在后文囊括几个样本。

⌨ 使用对话来传达信息

　　游戏中的对话主要有两个作用——推动故事发展和传达信息。如果对话是用来推进剧情的话，你就有很大的灵活性来处理你的角色与他人谈话交流的方式。当然，对话还可以帮助你塑造角色、提供有趣的信息或者是埋包袱。除了创意上的限制（在任何项目上都一样）以及玩家的耐心（他们对你讲的故事有多大兴趣），你几乎有无限的可能性来创造对话。然而，你要始终记住，玩家会时刻等待着按下跳过按钮。

　　然而传达信息就完全不同了。在这里，你放出的是玩家需要知道的特定信息。我们来看一下这个例子：

> 　　"我需要去商店。我电池用光了，而且我需要在 ATM 机上查看我的余额。"

　　好了，这里的信息中哪些是重要的？是我需要去商店？是我电池用光了？

是我需要查看余额？以上三个都是？是商店有个 ATM？是我需要知道我有没有足够的钱来买电池，所以我要在 ATM 上查看余额？

这段对话的问题在于，它的确传达了需求以及需要完成的目标，然而它没有给出任何方向或者前后文，而且很无聊。它也没有按优先程度给目标排序。接下来我们把这段话变成更有用的形式：

> "我得先去 ATM 那边。我觉得我被监听了，需要买一些电池。最好去商店里的那个 ATM，看看余额够不够，免得在结账的时候尴尬。"

现在这样就好多了。我们有了一个很明确的行动计划。首先，我们要去 ATM，然后买电池，之后去结账。这个行动序列是明确的。对话里 ATM 的位置很清晰，目标也很明确（买电池）。

你在编写对话的时候需要注意哪些对话是用来增加故事的深度的，哪些对话是给予玩家指引的。不停地指导玩家干这干那是必要的吗？当然不是。你要把握好这个度，不要太赤裸地把必要信息放在指引对话里。另外，时刻注意对话的上下文。游戏与其他娱乐形式的不同在于角色的对话经常是玩家前进的线索。你不经意的一条对话可能会让玩家徒劳无功地跑来跑去，但有的时候很明确的指引又会让对方觉得只是单纯的交谈。请注意对话非常重要。

行动练习（白银）——给你的一天配音

回忆一下你昨天一天的活动，你去的地方，你见到的人，你中午吃了什么等。你是否完成了某个特定的任务，比方说去商店、去学校或者开了个会？你一天里有没有什么必须完成的事情？现在，用对话的形式写下你一天的活动，就像你在与自己交谈，但是同时也让其他人得到信息。本质上，这就相当于你把自己当作一个游戏角色，然后装作你脑袋里有一个玩家。你要保证对话里包含所有的必要信息，能让另一个人也做出你之前做出的同样的决策。不过，你要把结果相关的细节去掉，以现在进行时的口吻来写。举例来说："我得去取一下衬衣。我跟他们说过不要浆得太硬。"从这条里，我们传递的信息就是，衬衣是送去干洗房了，而不是你要买一件衬衣。对话的第二句话就是给玩家的一个"提示"。写完之后，把它交给你的朋友。看看他们是否能够从对话中推断出你一天的活动。

情节元素

下一步我们将从最基本的开始讲起。如果你是一个有经验的编剧，你可能听过（或者学过）一些不同版本的教程。对新入行的朋友们，我们在这里会讲几条构造叙事的普遍真理。

当有人跟我们说"给我讲一个故事"，我们的第一反应是描述情节，然后一路增加细节。故事的情节就是去讲述我们的主角遇到的困难以及所制造出的戏剧张力。戏剧张力则由限定的叙事时间内产生的冲突和赌注构成。如果我们将故事创作总结成一个公式，大概会是这样：

情节 = 戏剧张力（冲突 × 赌注 / 时间 = 角色困境）

我们会详细解释这些元素。我们构造情节时，可以这样分析：

冲突	冲突的本质是什么？
赌注	冲突会获得什么？
角色困境	冲突和赌注是如何让角色陷入危险的？
戏剧张力	冲突的结果是什么，这些结果如何对我们的角色产生影响？
时间	冲突发生的时间段设在什么时候？

这个公式有意思的地方是我们可以用同样的基本结构来描述几乎所有游戏

的核心元素。用"玩法"代替"情节"，公式同样成立。

　　没有冲突，就没有游戏，也不会有故事。这种简单粗暴的总结经常站不住脚，但是我相信在这里这个总结是完全正确的 —— 冲突是游戏的核心，是所有经典叙事的核心。我们投入情感，看着自己所关心的人越过逆境，这基本上是所有传统叙事的基础。在游戏中，我们得到的额外好处在于我们不光能看着这些角色，还能操纵这些角色，在"怀疑暂停"的状态下成为这些角色，去面对这些冲突并且战胜它。

🎮 冲突的类型

　　冲突有很多类型和表现形式，而游戏本质上依赖冲突。你需要完成一系列目标。如果你想完成这些目标，就必须克服障碍。这同样是叙事的基本结构，也让游戏创作挑战与回报并存。下面列举了游戏中冲突的主要类型（请注意，大多数故事都有多于一种的冲突类型）。

人与人

　　这是一个大类，即主角对抗反派，英雄对抗恶棍。原因可以是私人恩怨，也可以是公事公办。我们的英雄也可以是个坏人，这样的话角色设置就会反过来。几乎所有的故事都依赖这种冲突。第一人称射击游戏、第三人称动作类游戏（Third-Person Action-Adventure）以及体育游戏都注重这种类型的冲突。

人与自然

　　我们的英雄困在了野外，或是要在风暴中求生，或者要去猎杀大白鲸。在游戏里这种冲突通常会与一种体育项目相结合，比方说滑板或者狩猎。我们也可以宽泛地将外星人和生化原因产生的怪物放进这个类别。

人与自身

　　这个类别在游戏里不常见。我们的主角与自身的恶魔对抗，比方说成瘾或者恐惧症。这可能会是一个生存恐怖类游戏。

人与命运（运气）

这种冲突经常用在角色扮演冒险之中，我们的主角与他的命运对抗。通常情况下，英雄不想要接受他的命运。

人与机器

这种场合里人要与科技战斗。通常是在机器有了自我意识之后，主角要与无敌的机器斗争。这通常是科幻类游戏的标志性冲突。

人与系统

我们的英雄要与世界对抗。通常情况下，我们的主角会被误解，或者是一个"了解真相"却没有任何人相信他的独行侠。这是动作游戏里的常见主题。

人与过去

我们的英雄努力逃离他的过去，但过去总是回来缠绕着他。很多时候，无论我们的英雄多么努力去斩断这个过去，他都做不到。这种类型的冲突经常出现在主角失忆的悬疑故事里。

上述这些经典的故事冲突同样代表了设计师所创造的一些主要的游戏挑战类型。当故事有所进展，冲突的等级会提升。这种持续上升的冲突会提示我们正在接近故事的高潮。

行动练习（青铜）——定位故事的核心冲突

运用冲突类型理论，写出你最喜欢的游戏、电影、电视剧或小说中的核心冲突。请仔细思考：表层的冲突经常是对深层冲突的掩护。比方说，一个人看似与世界为敌，可能实际上是因为他要面对自身的冲突，要向社会发泄。现在，考虑你想要做的游戏。游戏的核心冲突是什么？这个冲突对主角和对玩家来说都存在吗？在游戏中这种冲突如何体现出来？尽你所能把这些都写下来。这会成为游戏和故事内容的共同基础。

✦ 赌注的类型

这是我们玩游戏所追求的东西，也是游戏和剧情中都会存在的东西。以下是游戏里会出现的赌注类型。

生或死

这是最高级别的赌注。如果你是为了生存奋斗，事情就相当严肃了。大多数第一人称游戏都会如此设定。如果你受到太多伤害，你就死了。

穷或富

贪婪是一个很强的驱动力，而且每个人都能够理解。

爱或痛

这种驱动更难理解，而且游戏里用得其实不多。这不应该。它是最情绪化的驱动，如果能够很好地表现出来，爱可能是最令人惊叹的情感。

幸福或悲伤

谁会不想要幸福？如果我们的主角一开始处在情感的低谷，他或她追寻幸福的过程同样会让我们满足。为了让这种赌注发挥作用，我们需要对角色投入真情实感。

胜利或失败

赢得战斗，赢得战争。拯救你的人民，拯救你的家庭以及你自己。非常明确。

安全与危险

力挽狂澜，或者屈服于外力。在冲突中，我们故事中的赌注会变来变去。当这种冲突中的赌注加码时，我们的角色面对的困境同样会增加，戏剧张力也会大大增强。我们为赌注加码的同时，其他的部分也会相应增长，推动我们去解决问题。

　　上述所有的例子都是赢或输的类型。如你所见，这种在叙事中奏效的赌注机制，同样也能够用在游戏机制里。我们的最终目标是要让故事的赌注和游戏机制的赌注和谐一致。当这两个元素协同作用的时候，就能够给玩家带来更加有沉浸感的体验。由于这对于我们的角色来说是一个赢或输的情况，我们可以轻松拓展出一个故事弧线。

　　所以说，冲突和赌注在核心游戏机制中必须协调一致，否则故事就会显得莫名其妙。如果游戏机制和故事是协调的，体验就会很顺滑。

行动练习（青铜）——增加赌注

　　写出一系列事件，让赌注在其中不断加码。举个例子，你开车的时候打算喝一口咖啡，结果车子正好撞到什么，咖啡洒在了你干净的白色衬衫上。你正手忙脚乱的时候，一个不注意就撞上了前面的那辆车，于是你的车头坏了，前面那辆车的尾灯碎了。当你出去查看情况的时候，前面的司机正好下车来，手里拎着一根棒球棍。继续加码。思考赌注机制对于你故事的影响，从一件脏掉的衬衫，到保险理赔，再到你可能需要与一个带着武器的男人搏命。

🎮 困境：故事元素如何影响戏剧张力

　　冲突和赌注的等级决定了困境的等级以及故事的戏剧张力。所有的故事都依赖于某种类型的冲突来创造戏剧张力。游戏叙事的核心戏剧张力就是从故事内在的冲突和玩家面临的赌注中生发出来的。举个例子，如果你只是在餐厅打牌，下注只有几毛钱，你所面临的困境就是最初级的，所体验的戏剧张力也是如此。如果你是在拉斯维加斯打牌，押上了你这辈子的积蓄，那戏剧张力就完全不同了，你现在面临的风险要高得多。二者冲突是一样的，但是赌注却升级了，那么在第二种情况中戏剧张力就会高得多。

在调整叙事以匹配游戏的过程中，请记住——严重的冲突和高昂的赌注相较于小打小闹会让故事变得更加严肃。当然，如果你搭配得好，情况也会变得相当有意思。比方说，很多喜剧就依赖于严重的冲突和微小的赌注间的反差来达到效果。黑色喜剧的常见情况则是小型的冲突和极高的赌注。其中的要点就在于二者彼此协调，能适应游戏本身。你需要搞明白自己的故事要如何使用冲突和赌注来创造出叙事张力。理解了这些故事的核心元素，就理解了叙事的铺陈。

时间

时间驱动行动。时间确立了角色在故事中行动的"原则"。冲突和赌注可以随着时间逐渐升级。我们的故事可以在眨眼间发生，或者延续许多个世纪。我们完成目标的时间越少，赌注就会越高。时间可以治疗伤痛，或者加剧伤痛，甚至让伤痛变得更加深刻。游戏的独特之处在于，时间可以是非线性的，玩家会从多个角度来观察行动，甚至不需要遵循一个序列。同样，我们可以加速或者放慢时间来制造张力。

情节

情节是冲突和赌注共同作用的结果。冲突和赌注的强度以及情节发生的时间会形成风险、主角的困境，以及我们所体验到的戏剧张力，而这些又最后形成了故事情节的基础。

所有这些元素都能被精心安排好的话，那么最终所创造出来的故事将会更加吸引人，在游戏开发过程中陷入创造性僵局的可能性就会小很多。

其中的有趣之处在于优秀的叙事也会带来优秀的设计。打个比方，奖励和惩罚（在这里又要引入赌注机制）可以并用。我们在游戏过程中推动或者吸引玩家的方法，同样是我们在叙事过程中推动或者吸引观众的方法。所有的这一切都会关联到角色、世界、调性和主题。

角色

故事的主角不一定非得是个英雄。他们也可以有自己的混乱和焦虑，不一定要局限于游戏中所产生的情感。

世界

世界并不只是一个空间，也是故事所处的现实，比方说香港贫民窟、喜剧世界、科幻反乌托邦。这些设定会对冲突造成巨大的影响。

调性

游戏的调性是什么？轻松的、沉重的、严肃的、喜剧的、暗黑的或者玩世不恭的？故事"脱轨"通常会出现在玩家习惯了故事的调性设定后，接着突然发生的一件事会让整个调性完全变样。这件事一旦发生，玩家基本上就会立即注意到变化。这种方式的确会带来非常有力的影响，但是你必须仔细考虑清楚，因为这样做相当于解开了故事的"安全带"。举个例子来说的话，这种技巧就像是在一个喜剧里突然杀死一个主要角色，或者让轻松的动作冒险突然转向恐怖惊悚。如果你做对了，这种反转会很有冲击力。如果做得不对，或者调性变化并不是你有意设计的，那你就会失去玩家。

主题

游戏故事的核心就是主题。救赎、报偿、堕落、腐化、（买不到幸福的）金钱以及复仇，所有这些常见主题都可以成为故事的核心主题。不论如何强调理解故事主题的重要性都不过分。每当你发现叙事进了死胡同，回过头重新审视你的主题。怎样的剧情可以让你的英雄升级，同时符合你的主题？

🎮 玩家的期望

角色、世界、调性和主题是你故事的基石。建立叙事体系就是增加情节的过程，情节则由冲突和赌注驱动。这个过程中你的角色会处于危险之中，而危险塑造了故事的戏剧张力。如果玩家关注的是你的角色，他们会原谅很多不足。在大多数故事展开的过程中，角色是我们在叙事脉络里主要关注的对象。游戏独特的地方在于玩家就是角色本身。角色所经历的事情也发生在我们自己身上。因此，我们在游戏里甚至可以创造出更强的连接，让我们的玩家在情感上投入更多。摧毁角色和玩家之间的墙对于创造出我们想要的这种引人入胜的体验非常重要。在这里，玩家想要的是什么呢？

你的"观众"在玩一个游戏。他们期望获得互动，而不是单纯地观看。他们可以观看，但是观看的部分必须很吸引人，而且一定得与游戏本身的前情提要或者回报机制紧密相关。另外，我们应该尽量避免长时间的过场动画，有创意地向玩家传达信息。

你要始终默认玩家正拿着手柄，手指放在开始按钮上，随时准备跳过过场。如果游戏进展需要关键信息，那么你要把它放在过场动画的最前面，而不是最后。你还要考虑游戏时间的问题。游戏的节奏是什么？快节奏的动作游戏就与慢节奏的角色扮演游戏很不一样。叙事的节奏应该与游戏的节奏相吻合。

对话部分应该越紧凑越好，避免那种长时间的过场动画。比方说一个智慧老巫师告诉我们一大堆有趣但你永远也用不到的信息。能展示的时候就不要说教，能操作的时候就不要展示。背景故事只有在与叙事直接相关的时候才能发挥作用。

最终，你需要找出故事弧线，规划出剧情线的起始和报偿机制。仔细问问你自己，叙事模块中哪些部分必须加进去才能让故事走到结局，然后考虑你必须传达给玩家的信息如何才能有新意地与故事本身结合。请记住，你的叙事并非仅仅是为了叙事服务的，它更是为游戏体验服务的。

🎮 决定放进哪些东西

"奥卡姆剃刀"这个哲学概念由 14 世纪圣方济各会修士奥卡姆提出，其基本含义是简单的解释要比复杂的解释更好，解释一个新现象应该基于已知的原理。这个概念也被称作经济原则。

我们可以使用这个哲学化简原则来对待一切游戏的问题。我们的基础问题是：这个（特性、产品、功能）会包括在我们要卖的游戏里吗？如果是，那很好。于是这就变成了一个优先度的问题，这个元素可以从"放进去可能会挺有意思（程度 1）"到"如果我们不放进去玩家会认为我们是骗子（程度 10）"来决定重要程度。不过，如果我们不确定的话，那么就做到尽可能简单。

要考虑的问题有这么几类：

- **动画**。过场里有没有主角滑过车顶的动画？如果有，这个动画能不能在游戏过程中做出来？如果不能，那么你就需要专门为这个过场做一段动画。
- **角色情绪**（下一代主机游戏中情况会改善）。我们很快就能到达新的里程碑。届时，我们的角色将能够传达微妙的情绪和反应①。如果你不是为了下一代主机游戏创作，不确定角色的"神色"能够做成什么样，那么就最好换一个方式来表达剧情的走向。想一想，有没有更加明显的动作或者对白来完成同样的效果？
- **生物与动物**。你在添加任何种类的生物或者动物时都必须极其小心，认真想清楚这会对制作产生何种影响。动物和生物需要各自建模，而更重要的是它们需要专属的动画才能更具说服力。最后一条建议：真实比华丽更难实现，毕竟我们都知道猫是怎么走路的。
- **人群**。人群是个很明显的问题，因为如果你在游戏中需要人群的话，就得投入不少资金去制作。如果你的核心游戏机制不涉及人群（包括大群的士兵或者外星人等），那么就最好不要在游戏里加入很多的人。
- **场景**。避免专门为叙事创造场景。过场动画应该尽可能使用游戏的场景。
- **特殊光照或效果**。如果你需要把一些大型动态效果（比方说闪电）放在过场动画里，要想清楚怎样能够做到。游戏引擎是否支持这种类型的特效，或者你是否需要用专门的办法来创造这些效果。
- **载具**。载具跟生物与动物一样，也都需要建模、确定材质、制作动画和音效。因此，尽量不要做任何只会在过场中出现的载具，除非这是核心设计

① 本书成书于 2007 年，目前的游戏技术已经能够达成这一点。——译者注

的一部分（比方说任务开始和结束时搭乘直升机）。另外，请记住，如果载具足够酷炫，玩家很自然就会期望他能够操纵载具。

行动练习（白银）——实事求是

从你最喜欢的游戏里选择一段，拆解这个段落里的所有元素。思考角色、场景、动画、材质、特效、生物、天气、音效以及音乐等元素，然后尽可能全部列下来，越详细越好。大致估计一下将这个段落组织到一起所需要的工作量和预算。你是否能够想出另一种方法来完成这个段落？对于你自己的游戏，用类似的标准评价一下你的剧情段落。

创意过程

制作人办公室的某处会有一个列表。这个列表上会详细列出游戏节点、从属关系、任务和资源分配。它算是整个项目的神经中枢，可以说是这个项目的"《圣经》"。游戏也应被视为一种现实。游戏要讲述的既是一种幻想，也是一个故事。

你会注意到开发者将其称之为创意过程，但没有人会将其称之为创意行为（一个单独的行为）。你和项目中的所有人越能认识到自己是这个过程的一部分，这个项目就越可能成功。反过来，这个列表上越多的人与创意过程对抗，你们就越可能失败。

第 *3* 关

游戏故事理论与对话

在剧本写作里，很多新手编剧的常见做法是长篇大论地解释场景和情境，而不是推进情节。游戏中会有人踩这种"坑"吗？当然。专业编剧也会写很多类似"坏蛋开始解释他的邪恶计划"这样基本上没法插入到游戏的战斗高潮之中的场景。故事始终萦绕在我们周围，也是最让我们感兴趣的一环。在游戏里，我们需要"看到"故事，而不是听人家给我们讲故事。然而现实生活中则不然，每天我们都会听到一些故事，也会给别人讲各种各样大大小小的故事。我们凭直觉就知道哪些故事值得讲述而哪些不值得。我们还是孩子的时候就开始磨炼这种技巧了。

✦ 像孩子一样

如果你想要看到人是怎样学习讲故事的技巧的话，那就让一个 7 岁小朋友给你讲个故事。这个过程中的反馈机制非常不可思议。通常情况下，这个故事不是很吸引人，孩子会讲得颠三倒四，你会开始走神。然后，他能感觉到你心不在焉，便会说："你猜怎么着？"你就会回："不知道啊，你告诉我。"

他说"你猜怎么着"的时候，就是在强迫你集中注意力，把你拉回故事的节奏里。他在操纵你，提醒你注意下一个要点。你可以认为那个"你猜怎么着"

就是一个指引，用来吸引你的注意。如果你回答"怎么着"，那他就得到了你的关注。不过，他可以重述并打磨这个故事，让你保持注意力。在这个过程中，他始终在修改和创作。

这个年轻的叙述者在同时学习大概五十种不同的叙事技巧。他在学习什么东西是有意思的，什么很无趣。他在讲一个你没听过的人或者巨型机器人的故事时通常不会具体到细节。或许，他也没告诉你故事发生的时间地点（你也没有任何背景知识）。他不会提示你故事已经到了哪个阶段，你甚至开始怀疑这个故事到底会不会结束。如果他把这个故事再讲一遍，他就会知道故事的哪个部分有用，哪个部分没用，哪个角色重要，哪个角色不重要。他会学会告诉你谁是坏蛋、刻薄的老师和恶霸。当他长大一点，变得更成熟的时候，他会学会设置受害者和主角。迟早有一天，他会走到一个"十字路口"，此后他要么变得非常会讲故事，要么只是学会了用五十种不同的办法说"你猜怎么着"。前者是讲故事的一把好手，后者则是"流水账制造机"。你想成为哪一种游戏编剧？

"你猜怎么着"这句话非常直白，非常清晰。这意味着叙事者对接下来的故事很兴奋，并且想让你也兴奋起来。这就相当于说"有趣的部分马上要来了"，然而通常情况下接下来的部分都没什么意思。小孩子们有时候只是还没学会如何交流。如果他们在晚饭的时候经历了一场食物大战，他们可能会直接开始讲有个人鼻子上插了一根香蕉，完全略过背景设定和角色的部分。当他们被问到"丢食物的那个人长什么样子"时，预见到这个问题并且有条理地回答了问题的小孩会变成一个叙事者。这个孩子也会培养出倾听对话的能力。

行动练习（青铜）——像孩子一样讲故事

尝试像孩子一样快速写一个故事。你关注的故事元素是什么？你会提供多少细节？你会专注一个小的点，还是快速地从一个点跳到另一个点？你会先总结一个故事梗概，还是在讲述过程中让其自由生长？有可能的话，给一个孩子读这个故事，看他们会问什么问题。他们关心的重点与你写作时关心的重点是一样的吗？

🎮 电子游戏中的对话

不管你喜不喜欢，你写的对话是你成功的关键。与你合作的人里面有九成认为写作就是写对话，但你作为一个游戏编剧，应该知道对话不过是冰山一角，而冰山的底部则是：

- 有趣的世界。
- 出色的情节，其中包含了意外、转折、陷阱和回报。
- 被冲突和赌注所创造并影响的引人注目的角色。
- 身临其境的游戏风格。它取决于你的故事和整体游戏体验。
- 你在游戏中遇到并需要克服的巨大挑战。

总结起来，好的对话来自好的人物、好的事件和好的冲突。人物最好总是处于某种冲突之中。换句话说，如果人物之间没有好玩的对话，再伟大的角色都会变得单调，而没有好的角色，再伟大的剧情也会变得扁平。伟大的剧本关乎这样的"鸡和蛋"的问题。如果你不喜欢这个比喻，那么就重写你的对话。

分支，分支，更多的分支

伟大的小说家和优秀的编剧在游戏领域都要直面可怕的命运，因为游戏写作里会存在一些特有的困难。首先，很多游戏中的对白都非常平铺直叙。所有人都不喜欢平铺直叙，游戏编剧更是这样。然而，一个小说家不会写一段很复杂的对白来告诉玩家如何用手柄开一扇门，或者他在这个光秃秃的关卡里跑来跑去到底是为了什么。一般的影视编剧也只需要写一遍"我会回来的"，而不是非得要写 20 条分支对话（老实说，你不太可能会把"我会再来的"或"我会下次再来的"这种话写得特别精彩）。实际上，写分支对话就是要与角色的设定做斗争，因为对话正是我们打造角色人设的方法之一。"我会回来的"对 20 世纪 80 年代施瓦辛格的角色很合适，但是如果让在菲律宾撤退的麦克阿瑟说这句话，就非常不严肃了。

总之，游戏需要分支对话。游戏需要用一百种办法来说"我得再来检查一下这块区域"。游戏编剧只能这么干。我们所创造的这个媒介就是需要我们付出非常多的努力，而我们作为编剧要表现得毫不费力。

游戏越时髦，故事越落伍

游戏叙事另一个特有的问题则是游戏故事依赖于背景设定。通常情况下，你去阅读游戏中的角色介绍，看到的是他之前的故事，或者说游戏之前发生的事件，而不是游戏中发生的事。我们可以做个实验，想一个完全没有背景设定的角色，你会发现那些非常厉害的系列动作片主角几乎都没有丰富的背景故事。

举个例子，如果詹姆斯·邦德有父母，没有的话我们就假设他有，为什么我们从来没有听过他父母的情况？如果他有内心的矛盾，为什么我们基本上没见过他在电影里显现出这些矛盾？邦德电影可以说是最成功的系列电影，然而每一部电影里他都会洗牌后重来。除非某个设定非常有趣，否则没有任何必要在新作品中体现老设定。邦德在《007之金手指》（ *Goldfinger* ）的最后跟邦女郎格罗坠入爱河，但是她在《007之霹雳弹》（ *Thunderball* ）或者接下来的任意一部电影里都没有出现。对于某些小说家而言，他可能会有兴趣去写一部小说来讲邦女郎格罗的故事，但是观众并不会关心这些。观众关心的就是詹姆斯·邦德有杀人执照，他很擅长杀人，以及他总有豪车美女相伴。

背景故事越简单越好

大块的背景故事可以用很简单的画面搞定。在《007之雷霆谷》（ *You Only Live Twice* ）里，邦德作为一个海军军官出现，我们就会相信他现在是或者以前是海军军官。搞定，背景故事就这样。我们不知道他在海军干什么，这也不重要。

夏洛克·福尔摩斯（Sherlock Holmes）也一样。我们不知道他的父母是谁。我们的确从《血字的研究》（ *A Study in Scarlet* ）知道他是怎么与华生住进贝克街221B号的，但是可供反复研究的材料看上去并不多。实际上，柯南·道尔（Conan Doyle）创作华生这个角色的时候背景故事就随便到他自己都记不得华生是在克里米亚、阿富汗，还是别的什么地方服役受伤的了。哪怕莫里亚蒂也就在几篇小说里出场。他们的童年只能留给 20 世纪晚期的作者去推测。

很多成功的系列作品中的角色都没有背景故事。如果你要写背景故事,它应该仅用于推进故事或者建立角色。我们知道奥德修斯在伊塔卡有老婆儿子,而且他想要回到妻儿身边。这并不会影响他与卡吕普索或者喀耳刻纠缠不清,我们也不担心他对他的妻子不忠,因为他坚持要回家。不过,有这样一种说法:《奥德赛》(*The Odyssey*)实际上是两个故事,一个版本是他回家之后告诉他兄弟的,另一个版本则是他告诉他老婆的。我们可以分出来哪个是哪个。关键是,这个人打了十年恶仗,想要回家,而神灵,具体来说是波塞冬,则是他的阻碍。

如果你年纪比较大的话,可以回想一下《星球大战》〔现在叫《星球大战:新希望》(*Star Wars: Episode IV-A New Hope*)了〕上映的时候。我们现在知道这部电影真的有个需要一天才能看完的背景故事(还不算无数官方小说),而卢卡斯仅仅告诉了我们能够推动剧情进展的那些段落。

正是因为技术的必要性,游戏才这么执着于背景故事。《神秘岛》就是一个"发现背景故事"类型的故事,但那是因为当时媒介的限制。一旦某人想出了一个巧妙的办法来规避技术限制,那么多数情况下,这个办法就变成了惯例,编剧不会停下来思考为什么或者这个办法的目的是什么。我们会说这是一种进化冗余——一种前一代传下来但已经不再有必要的传统。

让玩家填空

在经典游戏《小行星》里,玩家可以随便想象其中直接且让人上瘾的机制到底代表了什么。你是一个太空飞行员而且需要拿到 100 000 分。你没法伏击对手(例如在角落里默默等到只剩下一颗小行星的时候把飞机移到角落射击)。游戏里的飞行员有着鲜明的个性:他很高傲,他是一个骑士,按规办事。你面对的那个坏人不按规矩办事,而且技艺高超。

这就是故事了。这个故事甚至还有一个结构。游戏里其实分出了阶段,一开始攻击你的对象只有小行星,然后小行星和大飞船会不停撞击你,再之后会出现一大堆小行星和小飞船,最后是决斗的段落。其中通常会出现带点神秘元素的超空间。《小行星》为我们打造了一个敌对的世界,因为开发者想要借此把你从游戏里端出去,让你多投币继续游戏,但是他们得假装这是公平的。你在玩这个游戏的过程中会去创造你自己的故事来描述你正在做的事情。

当你全身心地投入游戏的时候，你的思维方式就像是一个游戏编剧。这时你会说："这一次我会躲避反派的射击，等着他犯错误。"然后你哀号："噢……好像没用。"之后你宣布："这一次我要主动攻击看看效果。"这次你又死了，但对方也"自损八百"。此时你明白过来了，自己要等到对方放完大招后躲开，然后再在他恢复的时候攻击。最后你的战术成功了，过场动画出现，之前嘲笑你的这个家伙终于死了。于是你心满意足，觉得所有的这些努力都值了。

挫败感的消失

除了胜利的感觉，游戏还能带来另外的刺激，那就是掌控全场的刺激。此时，你对游戏的操作已经极为熟悉，状态也极为投入，简直所向无敌。然而，如果你一直是这个状态，也会觉得厌烦。此时，你需要一个自己并不能秒杀的敌人，挫败感和竞技性需要平衡。这其实就像生活本身——成长、学习、掌握技能、抵达更高的层次、经历失败、获得更多成长、更好地掌握技能，如此往复。然而请记住，游戏中的胜利也永远不能是克服了挫败感后的胜利。如果你想要自己的游戏大卖，就不要让你的玩家经历这种感觉。我们的目标是让玩家在克服了挫折后喊出"搞定！"而不是哀号"谢天谢地我总算打过了"。

作为游戏编剧和设计师，我们面对的基本问题就是手头的资源是有限的。角色是有限的，关卡是有限的，分支是有限的，敌人是有限的，世界设定是有限的。我们得让这些"有限"看上去无限大。我们需要让看上去无敌的头目可以被打败。我们得对玩家耍很多花招。因为我们的工作是提供娱乐，而不是提供挫败感。我们如何做到，这就是游戏设计的艺术。

你猜怎么着？

就算我们对游戏创作和对白慎之又慎，还是会很经常说"你猜怎么着"。很多时候，玩家不会觉得他是在体验一个故事，而是在解锁一个故事。他或她打败一个敌人，然后解锁一段推动情节发展的过场动画。直到现在，我们的叙事很多都是从之前的媒介里借鉴的，主要是电影和电视。不过，我们不会沿着电影电视的老路来开发我们的媒介。你走进电影院时就知道整个故事已经成形了，而你需要做的就是花十块钱买一张票，坐上两小时，看故事往下进展。

如果游戏是一个完善的媒介，那么游戏中的故事很可能会更像是生活，而不是电影。也就是说，游戏的故事都是以"现在正在"的方式进行的。你会觉得你所体验的故事是独一无二的，而不是有人写好了给你看的。我们打个比方。你打开电视看本周足球的重播，你看的是这周已经完成的比赛的一个总结。这与看比赛直播的体验是完全不同的。这两种体验都很有趣，但是看两分钟的比赛精彩集锦肯定没有看直播有意思。这中间的差异就是你不会有那种"一切皆有可能"的紧张感了，因为你知道这已经过去了。

活在当下

电影、电视剧和电子游戏的差别就是即时性。你想要玩家活在当下。游戏可以反复做到这一点。这种效果通常只能够完成一次。一个好游戏可以重玩很多次，而且每一次都能带给玩家不同的体验。他可能是为了拿到更多的分数，可能是想要做到一次不死通关，也可能是想要探索一些他之前没有探索过的区域。他可能想要用一种完全不同的方式来玩这个游戏，上一次如果他是猛打猛冲过的关，下一次他可能就想要用一种更巧妙的方式通关。

优秀的游戏设计是让玩家解决自己从没遇见的问题。解决问题意味着做出选择，玩家做出的选择越多，就会愈发沉迷其中。你在创作故事的时候，首先要从玩家的角度来审视这个游戏。你的玩家买游戏的时候，会对游戏有一个期望。你的工作就是达到那样的期望，甚至超越那个期望。你想要你的游戏深入玩家的内心，走进他们的头脑。你想要让玩家想念他们所探索的这个虚拟世界。

联系与对话

良好的游戏关系和对话能够让玩家全情投入。游戏与很多事情一样，角色间最佳的关系就是互相给予和索取。我们的朋友丹尼·比尔森（Danny Bilson）

是一位成功的影视及游戏编剧。他有一个很经典的比喻："如果你在第二关的时候遇见了一个家伙，他暗算了你，那么你在第三关的时候对他的感情会非常强烈。但是这回他帮了你，你会做什么？事情发生了什么变化？他的目的是什么？你到了第四关的时候再碰见他，你会怎么想？"你需要考虑到这些事情，这样才能让你的故事更加有趣。

假如说在上面的这个例子里，你决定在第三关的时候也暗算这个家伙，那会发生什么？是他转过身来说"你真是做了一个愚蠢的决定，你会需要我的"，还是你的角色会来提示你"不行，这是个糟糕的主意"。由此可见，对话是由不同角色内在动机所产生的行为选择决定的。剧情的转折以及由此产生的对话应该始终保证游戏的新奇性。

避免"仓库"文本

创作里最讨厌的事情之一就是写一大堆"仓库"文本。比方说，你去商店里与老板对话，而且还要重复多次。通常来说，每一次对白在文本本身或者配音演员的语调上都会产生一点点区别。这里的角色动画一般会重复使用。这件事的真正问题是它会反映出游戏的局限性，所以你要尽可能地避免这种情况。

重复的情况最好能自动化处理，用抽象的方法表示，去掉对白。当你听到某个角色说了五遍同样的台词的时候，游戏就显得很乏味。你在游戏中任何时候都可以问："我将做出什么选择？"

风格

风格越抽象，对白也越抽象。然而，游戏这种艺术形式要求用非常用户友好和通俗的对白来塑造风格鲜明的角色。总而言之，这是你个人的表达。有些时候游戏不会有太多可说的，它只是一种纯粹供人取乐的消遣。在这种情况下，真正的对白其实就是音效、音乐和台词的混合，实际作用相当于一种笑声音轨。这样做其实也行，但是你要知道你在干什么，以及你为什么这么干。

🎮 现在进行时

游戏对白应该体现出"事件正在发生"的状态，就像是你现在正在看我写的东西一样。这件事就在此时此地，发生在我的眼前。回想过去发生了什么没有意义。这中间的区别就好比一段极为厉害、极有冲击力的视觉过场与一个用于开场简介的过场之间的区别。

这点对于游戏、电影和电视来说都适用。永远记得要陈述现在正在发生的事情。描述行动的时候要让这件事好像正发生在你眼前。永远不要用过去时态。举例——

> 现在时（正确）：卡尔进入房间，打开他的手枪保险。
>
> 过去时（错误）：卡尔进入了房间。他打开了手枪的保险。

在第二个例子里，你描述的是已经发生的事情。在第一个例子里，你描述的是发生在自己眼前的事情，你可以将其以最快的速度和读者联系到一起。如果你是在写一本书，可以将故事设定在过去，但是对于游戏剧本来说，故事永远发生在此时此地。

🎮 元故事

元故事（metastory）与世界密切相连。它们是发生在故事边缘，在剧情里暗示过但是从来没有明确解释过的那些事情。最著名的一个例子可能是电影《唐人街》（Chinatown）。片中从头到尾都很清楚地暗示了在故事开始很久前，杰克·吉特斯曾经经历过非常糟糕的事情。我们猜测他的妻子很多年前被杀了，但是这仅仅是我们的猜测，片中没有明确的说法。

在电影片尾，另一个角色对杰克说："忘了吧，杰克，这里是唐人街。"我们大概明白了唐人街是一个隐喻——什么坏事都会在这里发生，黑暗的秘密隐匿于此，正常的规则在这里不适用。

另一个元故事的例子就是在任何一个版本的《德古拉》（Dracula）里，司机都不肯带乔纳森·哈克去德古拉城堡。司机可能只是轻描淡写地说德古拉只是当地的传说，但我们这些观众知道那是什么意思——去过德古拉城堡的人都遭遇了不测。这同样也向我们展现了一些关于主角的有趣的事情——他大体知道这个地方不太对劲，但是他认为不论德古拉城堡里发生过什么，自己都是例外的幸运儿。你可以琢磨一下自己的游戏角色和对白。

　　还有一个有趣的例子是《夺宝奇兵》（*Raiders of the Lost Ark*）。它的开场极其出色，可能是电影史上最好的开场之一。印第安纳·琼斯进陵墓之前碰到了一具看着很恶心的尸体，但是琼斯并不觉得恶心，这说明他坚韧不拔。他认出了这个死人，提到了死人的名字。这一段告诉了我们很多关于琼斯的信息，暗示了世界设定和接下来的故事。

　　只要一个小插曲、一行对白，你就能得到远超这十五秒的信息量。首先，我们知道了主角们身处一个古老的墓穴，而这个墓穴会杀人；然后，我们获悉了琼斯是一群亚文化考古学家或者说是盗墓贼中的一员，他们互相认识又互相竞争（这又为贝洛克从他手上偷走雕像的一幕做了准备）；最后，我们还知道了琼斯认为自己非常厉害，相当有自信。当然，在这之后的一段剧情里，他会证明自己有两把刷子，不过他也会犯错误。他会在转移雕像的过程中把它砸坏；然后，他会发现自己信错了人，他手下的人背叛了他。总之，这是一段极为高效的叙事段落。在下一个场景，你会看到他会被学校女生弄得手足无措。这是一个极好的例子，说明你能够在很短的时间里展示角色的很多特质。

🎮 不要滥用脏话

　　带脏字的对白不会自动和冷硬的叙事风格画等号。有效的脏话可以渲染气氛，帮助角色树立人设，但是不要用得太频繁。用太多脏字显得你很业余，还会损害故事，它只适用于人物、环境和气氛恰当的时候。你要根据自己的受众做出相应调整，想出替代方案。毕竟，你的配音演员很有可能不想要配这句脏话对白。此时，你要给他们机会，让他们多录几个版本，之后再根据其他人的需求决定用哪个。

　　由于某些原因，很多新人觉得在剧本里加上很多脏字会让剧本变得好一些。

他们可能会说保罗·施拉德（Paul Schrader）或者其他伟大的编剧都这么干，但是我们的建议是，除非你本人就是保罗·施拉德，否则放弃这个想法，因为写游戏剧本时这样做会让你看上去像是个新编剧在对保罗·施拉德或者 HBO 出品的《朽木》（Deadwood）的编剧东施效颦。在这里我不想提名字，但是我们的确对某个剧本做过一次"外科手术"，我们全局搜索替换掉所有的脏字，然后再做了一些简短的修改。我们把这个工作叫作"去脏字化"。当我们把剧本摆出来讨论另外一些问题时，大家都不敢相信我们做了多少工作，以及做了这些工作之后这个剧本看上去有多少提升。的确，如果你做的是个 M 评级的游戏，你可以用一些更粗俗的语言，但是这不意味着你必须这么干。

我们的朋友弗兰克·米勒（Frank Miller）给我们讲过他在《罪恶之城》（Sin City）拍摄时候的事情。演员克莱夫·欧文（Clive Owen）在研究他的角色时过来问弗兰克："你不喜欢用脏字，是不是？"弗兰克点头承认了，但是他的作品从来就不是那种严肃正经的类型。

我们有个趣味练习就是尝试躲开那种粗俗的陈词滥调。比方说，游戏里总有个粗鲁的军士告诉玩家："快他妈的穿上装备。"请尝试换个不带脏字的表述再说一遍这句话。这并不容易。最烦人的陈词滥调是那种你想都不想就会写出来的话。通过回避这些陈词滥调，你也许就可以创作出有趣的角色。

🎮 故事的物理学

游戏故事中的物理学可以分解成：作用力—反作用力—作用力—反作用力；故事张力的逐步提升；信息暗示与答案揭晓。故事中也要引入反转，毕竟事情永远都不会像你想象的那样顺顺当当地完成。别忘记，写作是一种由欺骗和障眼法组成的魔术。场景模板中包含了很多经典场景的元素。当你有想法的时候，也要考虑展示的策略——是故事先行，还是场景先行？

开发游戏就像是制作 3D 电影，你有情节、人物、风格以及电影需要的一切元素，但是你同时还有技术因素要考虑。如你所见，开发游戏的时候有很多因素需要考虑，还有常规参数的评估和变量的重新评估。既然我们已经讨论了游戏创作中的很多策略，现在让我们更加具体一些，讨论一下游戏的结构问题。

⊹🎮 陈词滥调与刻板印象

有很多因素会让游戏落入陈词滥调——陈词滥调很容易写，另外在某种程度上还很管用。问题在于它们从来不新鲜，永远让人觉得没创意。编剧有些时候使用陈词滥调是因为懒惰，而有些时候则是因为不想把重要的资源浪费在看起来不重要的方面。

如果你有能力，尽量让受众在不犯迷糊的同时获得意想不到的惊喜。这里"犯迷糊"的意思是，编剧非常努力想要避开陈词滥调，反倒让观众不明白这个角色到底是什么样子的。我们见过很多这种例子。很多时候一个小小的转折就可以避免这一点。比方说，如果你的角色是个警察，那么就给他安排一个特别懒的上司。上司不关心你怎么完成手头的工作，用的是正当手段还是下流手段都无所谓；他只是不想要做太多工作，或是被迫做任何事情。总而言之，给剧情设置多加点料，让观众想一想，搞明白为什么上司总是要找你的角色的麻烦。

你也可以只是让角色有点怪癖。谁知道《现代启示录》（*Apocalypse Now*）里的基尔戈是个冲浪狂呢？这个怪癖直接与他的对白相关。基尔戈入侵一个镇子，只是为了看浪头是不是适合冲浪，这一点就很容易让人印象深刻。它同样也关联着整个电影的基本主题，那就是理性。片子里的每个人都有点疯疯癫癫的。整个片子都有点疯疯癫癫的。你创造了这样一个世界，然后电影里出现了这样的对白："我喜欢清晨燃烧弹的味道……那种汽油味，闻起来就像……胜利。"没有比这更好的对白了。

你也可以给予你的角色某种原则。你可以在你的故事圣经里写下："哈罗德在杀掉罪犯之前都给他们一个自救的机会。"这样的设置会产生怎样的台词？台词可能是这样的："我知道你在想什么。'他开了五枪还是六枪？'实话告诉你，我也不记得了。但是，这是一把10.9毫米口径的麦格农，世界上威力最强大的手枪，能够干脆利落地一枪轰掉你的脑袋。你现在可以问自己一个问题，我的运气怎么样？小子，你觉得呢？"①

---

① 这一段话是《肮脏的哈里》（*Dirty Harry*）系列电影中主人公的标志性对白。——译者注

口音：让配音演员助力

一些人有口音上的天赋，而另一些人则没有。总的来说，我们觉得对白的首要目标是清晰。一般的读者即使不大声朗读出来也应该能够很容易地理解你的剧本。另一个容易让人忽略的问题来自敏感的种族主义领域。口音和存在偏见的写作之间应该有一条清晰的分割线。如果你不确定，就拿掉不确定的部分，避免冒犯别人。一般情况下，我们创作的台词会由配音演员润色，不会靠近任何特定的口音或者方言（除非这对于故事来说很重要）。

配音演员也能为作品增光添彩。你的工作不像写小说，剧本写下来的目的就是让一个专业的配音演员施展自己的经验将其读出来。尽可能让你的配音演员在录音的时候感到舒适，将他们自己独特的技巧展现出来。这里有一点要注意：如果录下来的版本偏离已经敲定的文本太远，务必录下一条按照文本字面来的、可用的版本。这会让大家在后期制作的时候方便得多。

我们在给《蝙蝠侠：辛特组的复活》（Rise of Sin Tzu）写剧本的时候，创作了一个新的恶棍辛特组。我们在构思这个角色的时候写了一个人物小传，交给了 DC 漫画这个项目的负责人埃姆斯·柯申（Ames Kirshen）。我们不知道埃姆斯将这个小传发给了辛特组的配音演员田川洋行。等到录音环节，田川在做准备时朗读了这个小传。他读得实在太棒，比我们用文字写下来的好太多了，于是 DC 决定基于游戏剧本出一本小说，后来由德文·格雷森（Devon Grayson）操刀创作。在这个过程中，她也得到了弗林特·迪尔的一些帮助。这件事告诉我们，不管你的台词写得水平如何，配音演员会给你一些意想不到的东西。

玩家与角色的关系

游戏有一个独有的问题，那就是玩家与他所扮演的角色的关系。角色就是玩家的化身。你玩 007 游戏时很大概率就是在扮演一个你想要成为的角色。哪一个男人不想要成为邦德呢？不过，玩家在某些情况下所操纵的角色和他本身有着巨大的不同，比方说一个男性操纵《古墓丽影》的劳拉。在这个情况下，玩家和角色的关系是不一样的。劳拉是个女的，玩家是个男的。好吧，能够

"控制"一个女性角色的确很棒（在现实生活中你可办不到）。在《古墓丽影》的例子里，她的性别对于游戏性没有影响（游戏并不一定需要一个女性主角），但是有一个女性角色在场会更有意思一些。

这当中可能有更深层次的关系。劳拉是不是玩家晚上的约会替代品（对于硬核玩家来说，这种情况经常发生）？角色和玩家的关系到底是什么？在劳拉·克劳馥的例子里，绝大多数玩家不会想象自己就是劳拉，所以他们之间的关系会不太一样。发现玩家和他的游戏化身（玩家在游戏里的角色）的关系，能帮助你确定运用何种故事要素驱动行为。

行动练习（青铜）——玩家或角色关系

玩一个带英雄主角的游戏，体会你和角色的关系。你感觉自己有没有成为角色？或者你像一个助手？或者你"拥有上帝视角"？游戏中的行动是发生在你自己身上，还是发生在角色身上？你是"关心"角色本身，还是仅仅是在意他们的困境？写下你的想法，看看如何应用到你自己想要创作的角色上。

让我们把这些问题应用到游戏机制上。如果你和你的角色之间有一定的张力，情况会是怎样的？你在《侠盗猎车手》（*Grand Theft Auto*）里操纵一个罪犯，是因为你想要成为一个罪犯，还是因为你觉得化身成一个跟你非常不同的人很有趣？这是一种叶公好龙式的刺激——我不是这样的人，我也不想要成为这样的人，但是短时间里成为一个梳着马尾，从《迈阿密风云》（*Miami Vice*）里来的家伙会很有趣。在虚拟世界里成为一个坏人，去看看这类人怎么说话会很有意思。

真实的战争游戏里存在一种不太一样的刺激。没有一个脑袋清醒的人想要去参加诺曼底登陆，他们只是想在电影或者游戏中体验一下。然而，如果我们只看销量，成为一个虚拟的美国大兵参加二战，对很多人来说是很刺激的事情。所以这种情况下我们应该写什么样的台词？我们需要非常准确的台词。

🎮 后果

一些游戏展示的是一个因果循环的世界。这个世界会盯着你,你必须承担后果。如果你杀了人,警察会来找你的麻烦,被你杀掉的人的亲属也会如此。突然,这个世界就会变成一个充满敌意的地方。这很酷,但是作为一个游戏编剧请务必记住,你需要给角色和玩家之间的每一种可能的关系创作出分支。对白所展现出的情感的范围会从极端的不关心到极端的仇恨,或者是极端的爱慕。这种游戏的开发成本会非常惊人。游戏牵扯到巨量的台词、巨量的程序代码,以及巨量的游戏机制平衡问题(如果你给玩家一个选择分支让他注定要输,那么这就是一个非常糟糕的设计)。

在设计层面,创作出一个非常好的故事或者五十个很一般的故事是需要仔细衡量的事情。在游戏创作层面,很多时候你没得选,所以你要努力打好你手上有的牌。突破都来自背水一战的人。如果你想要做一些轻松的工作,那从一开始就不要做这份工作。

第 *4* 关

游戏架构技术与策略

✦ 设定游戏的世界背景

游戏叙事主要的作用在于给游戏设计赋予意义。这应该是一件显而易见的事情，但是很多时候，我们握着手柄期待开玩前，都要被迫去看一大堆过场动画，解释一些我们根本不了解也不关心的角色背景故事。

当你构建自己的故事的时候，要记住我们不是在拍电影，我们是给游戏提供内容。未来有一天没准好莱坞会根据你的游戏拍一部电影，但不是今天，因此你要保证叙述精简，让玩家尽可能快地进入游戏。你在游戏中并不像电影里那样有大概 90 分钟到 3 个小时的叙事时间，你有 8 到 20 小时来讲述你的故事。如果你觉得这没什么，可以这么想——一般玩家玩一个游戏所花的时间要超过整个《星球大战》三部曲。他们可能并不会一次性就通关，而是把很多游戏时间都花在失败或重试上面，但是总时长还是很久。

如果你的本行是影视编剧，不是很熟悉游戏，那么就让我们从故事层面上大致概括一下电影和游戏的差别。主机游戏采用的基本都是剧集形式（内含许多关卡），所以我们需要塑造对手、地点和环境。子关卡和任务（目标）分布在关卡的场景里。故事驱动型游戏的情况是你一般有一个最佳路径，即包含游戏的主要事件和情节的主线。设计和虚构的艺术关乎创造出自由行动和非线性游玩的幻觉。一般情况下你需要为一个完整的游戏准备 8 个不同的环境（这里的数字是一个非常粗略的平均数，只为我们说明典型情况之用），每个环境中又有不同的地点。

你可能需要给每个环境准备一个关底头目（Level Boss），他（或者她，或者它，看你的设计）需要有 3 种各有特点的手下。你还需要一种钱的等价物。每一关你都需要引入一些新的机制。它可以以小游戏的形式出现（"小游戏"是指所有不出现在主要游戏机制内的东西）。故事和对白需要在短时间内爆发。我们不应该，也不需要有长时间的过场动画。基本原则是除非你有特别的需求，过场动画不应该长于 1 分钟。过场动画可以被理解为故事的"地标"，它的作用是提供信息、奖励玩家，让游戏继续前进。

当然，我们还有非常多不同的办法来向玩家解释情况。

包含射击环节的场景应该加以延伸，给予玩家一个目标。也就是说，交火应该在面对多个对手时才构成一个挑战。敌人要有很多不同的类型，从炮灰小兵逐步升级到关底头目、大头目，再到最终关卡才能干掉的幕后黑手。这些都要有合理的设定。

游戏的逻辑往往要比电影的逻辑牵强得多。这是由这种媒介的结构所决定的。玩家永远都需要一个目标或者挑战，所以很多情况下，故事背后的道理显得很薄弱。比方说，在电影里，不会有人把通往敏感地区的钥匙到处乱扔。我们的目标是在游戏中高度还原现实，所以如果你能尽力避免这种情况，那会对你的游戏有帮助。对于游戏设计，你必须有一个"奖励—惩罚"系统来驱动目标。最终极的惩罚是玩家死亡，游戏结束；最终极的奖励则是游戏胜利。

媒介

我们用声音和图像两种媒介来讲故事。声音可以细分为语音、音效和音乐。图像可以细分为游戏画面、文字和用户界面。我们下面来详细说一说。

声音——语音

语音有三种：画内音（onscreen）、画外音（off-screen）、旁白或内心独白（voice-over）。

- 画内音是指你能看到画面中角色确实在说话。
- 画外音是你可以听到角色讲话，但是他不在镜头里面，包括主角说话但是看不到他的嘴的情况。
- 旁白或内心独白（在剧本写作里，旁白或内心独白经常会与画外音混淆）则是指角色不在场的情况。说话的人可能是一个无所不知的叙述者，或一个跳出当前游戏情景的角色，就像黑色电影里的私人侦探那样。

声音——音效

音效有两种类型。

- 一种是匹配游戏世界的有机音效，比方说刀剑碰撞声，或者瀑布的声音。
- 另一种则是你完成游戏指令时的无机音效，比方说我们打开了一扇秘密的门，或者收集到了一颗星星或是别的什么时会出现的那种音效。

声音——音乐

与音效类似，音乐也有两种类型。

- 匹配游戏环境的现场音乐，比方说一个角色在弹吉他，或者背景中收音机在播放的音乐。
- 游戏背景音乐来自游戏场景的外部；这部分音乐要匹配游戏动作的进行，营造相应的气氛。联系故事前后的音乐也是气氛音乐的一部分，由游戏中的元素触发，通常用来告知玩家他到达了某个重要的游戏节点。

图像——过场动画

我们可以根据目的将故事动画（或过场动画）分为两种：预渲染和引擎渲染（游戏引擎渲染的实时动画）。

- 在创作一个游戏中的叙事段落时，你会被游戏引擎严格限制。这意味着你可以引入定制的动画和效果，但不可能突然切到新地点（这等于载入新的资源进入引擎）。
- 预渲染过场则有无限的可能性，但是这也是有代价的——玩家失去了操作能力，而且预渲染动画更贵，制作更复杂，还可能与游戏画面相去甚远。
- 两种类型的过场都有自己的价值。但是大多数的设计师和开发者都更倾向于用引擎渲染过场。如果一个游戏有预渲染的过场，那么它们现在常常会作为基本标志出现在游戏开场和结尾的部分。

图像——文本

文本有两种类型。

- 叙事文本，可供玩家阅读。
- 标识文本，即用一个简单的标识让读者理解（比方说角色头顶的问号）。

图像——用户界面

用户界面包括血条、雷达、地图等，不一而足。这些界面通常由抽象的游戏元素组成，给玩家提供交互。

🎮 利用媒介元素进行叙事

如果你有一系列媒介元素可以用来叙事，请把它们当作故事元素。不要忘了，游戏中的故事是指所有能够用来帮助玩家沉浸在游戏体验中的东西。

故事并不仅仅关乎角色和对白。一个交互界面也能够成为叙事的元素。我们用小说来做一个类比。你的弹药计数器告诉你只有两发子弹了，一本小说里就会这样写："他只有两发子弹了……只有两发了。他必须谨慎用好，否则只能去死。他也知道前面会有更多子弹，但他要考虑好。如果过去，他能否躲过藏身于下一个角落的枪手？好像不太行，他们知道他在这。他得做到弹无虚发。"

这段确实写得有点粗糙，但重点是，缺乏弹药不仅仅是一个游戏玩法的问题，还是个叙事问题。玩家要做符合情感、符合理智、符合角色的决定。任何需要你拍板的决定，对于角色来说都是他的机会。角色最终如何行动取决于角色和玩家的关系。一个间谍可能会选择偷偷进攻，一个大力士会直接冲向敌人。设计和叙事可以鼓励玩家采取某种行动路线，或者混合两种路线。

行动练习（青铜）——玩家角色对于数值的看法

现在轮到你来写一段粗糙对白了。从游戏里选择一个数值（弹药、生命、护甲，等等），从角色的视角出发，写出这些数值是如何影响角色的。

🎮 说明的类型

游戏创作中最难也最扭曲的部分就是说明的创作，但是为了传达知识性信息，说明又是必需的。戏剧性的说明是用来展现故事元素的。我们可以大致把说明分为情节说明、角色说明和世界设定说明。游戏编剧还掌握着一种独特的说明写作技巧，就是对游戏机制的说明。

最糟糕的情节说明就是无穷无尽的信息概括。比方说格洛夫中士这样跟你说："就像你们了解的，我们的敌人，也就是沃罗什上校，正打算摧毁全球联邦合众共和国，阴谋颠覆我们的祖国。"（此处我们故意写得很糟糕，为了让你知道照着 B 级片来抄不是什么好事。）

角色说明是为了给玩家介绍一些关于角色的信息。比如，格洛夫中士站在特工苏珊·布拉巴斯特面前说道："我也不愿意让你去执行这个任务，但是你是我们现在最棒的潜入特工，我不得不这么干。我知道我让你父亲牺牲了，但是我保证一定会让你活着回来。"

我们又用了这个很别扭的例子来继续引出关于苏珊父亲的故事。这个信息是否相关？最好如此。我们要让玩家了解角色，但是我们要对信息进行裁剪，只提与游戏相关的信息。如果邪恶的沃罗什最后被发现是苏珊的父亲，那这就是与游戏相关的信息。如果你只是想要用一个简单粗暴的办法来增加角色的深度，那你就得重新思考，或者至少在游戏进行的过程中进行介绍，这样玩家就不需要枯坐在那里，拿着手柄看大段对白。

游戏机制说明只会出现在游戏和说明书里。这包括"按 Y 键跳起""我最好检查一下这扇门""中士，你的任务是拿下 17 号高地"这样的话。这种说明需要非常明确，让玩家知道怎么做，但它也应该提供一些关于角色的附加信息。

游戏和剧情模板

我们使用以下模板构造每个关卡的整体剧情结构。基本上这里的东西每个编剧都了解。这个结构分为两部分：剧情模板（Dramatic Template）和游戏模板（Game Template）。我们的主要目的是将游戏和故事尽可能地整合在一起，让游戏成为故事。提出这一点是为了确保我们充分利用各种可能性，并充分考虑我们正在做的事情。需要注意的是，第二个模板将更聚焦于如何将场景变成关卡。很显然，不是每个关卡都需要包含所有元素，然而模板的意义就在于每个关卡都要考虑这些方面。同时，这些类型也会重叠。每个关卡不一定要包含所有类型。

通用剧情关卡模板

类型	描述
关卡名	对于关卡的概括。很多时候取一个好的名字很有帮助，就像书中的章节名
场景的简单大纲（引子、冲突、高潮、结局）	引子是让玩家感兴趣的抓手。这可以是一次惊天信息大爆料，或者一次突然的背叛。冲突则让这个故事导入一个全新的方向。高潮则是这一幕的最终冲突——我们应该能够感受到这一幕开始收尾。在结局中，这一幕正式结束了，我们需要开始设立下一个目标
问题—解决	这一关的主要冲突是什么。关卡中的问题应该是明显且清晰的，在关卡结尾玩家要么解决了这个问题，要么将问题留待之后解决（剧情问题）

类型	描述
游戏目标以及如何理解游戏目标	这与游戏模板是一致的，但是它可以提醒我们玩家是如何思考自己在关卡中完成的目标的（通常情况下目标会改变，但是你应该在关卡之初就立下一个清楚的目标）。同时，玩家应该通过一种有趣的方式得到他的任务信息（比方说信息在上一关结尾给出，但是这一关之初应该重新说明）。新闻报道的规则在这里也适用：告诉玩家他要做什么，他正在做什么，他做了什么
地点（这个地点的特殊性）	每个地点都应该是有趣的。这些地点有什么特殊之处？同时，你必须很小心，这个地点应该符合整个"世界"的设定
情绪（调性）	每一个关卡都应该有自己的情绪，并与故事的整体戏剧结构有一个对比。这样做的主要目的是避免每一关都同质化。情绪的类型包括害怕、愤怒、紧张、狂躁等。这种情绪可以在关卡推进的过程中逐渐积累，但是关键的美术、音乐和音效要搭配这种情绪。情绪与游戏性本身也应该匹配（比方说，一个潜入关卡的情绪与正面肉搏的关卡就应该是很不同的）
时间和天气	应该与情绪匹配，并且让玩家能抓住故事的进展。需要注意，同样的环境在时间和天气变化之后可能会非常不同
初始意图	指玩家认为自己在这个关卡里的目的。你可以让玩家以为他要做这件事来达到某种结果，然后突然来一个反转（可以是一场冲突或者转换）。比方说，玩家本以为需要潜入这个地方，然后突然发生了交火，其实这一关是大乱斗关，当然也可以反过来。他全副武装到了地方，发现这个地方已经被遗弃了，只有几个刺客等着他。那么其中的暗示就是，可能事情还有另一个方向。那个方向是什么？
冲突缘起	在游戏里，冲突几乎就意味着战斗。战斗是怎样触发的？你要让触发战斗的机制有趣且出乎意料
主要角色以及他们在关卡里是如何发展的	这一幕中主要角色是谁？我们如何刻画这些人？角色应该有一个"本质级别"的动机
关卡头目、小反派、杂兵炮灰和其他潜在敌人	在这个关卡里你与哪些人在作战？你可能并不会杀掉那个角色，或者根本没有接触到那个角色，但是每关都应该有一个面目独特的敌人，而不是只有没有脸的杂兵。再强调一遍，这个头目并不一定是你以为的那个人
情节（游戏信息）说明	角色从这个关卡中学到了什么？
威胁或者实际的危机	倒计时正在嘀嗒作响。如果炸弹爆炸了会带来哪些失败的风险？你的朋友是否被劫持了？你是否听到了警笛声，然后必须在警察到来之前赶紧跑路？

类型	描述
转换（反转）	在关卡中间，新信息的出现改变了关卡的性质（比方说，主角潜入殡仪馆，设置了一个定时炸弹，打算炸死所有来参加葬礼的黑帮。然后他溜出去看热闹。这里的转换就是，一个无辜的路人进入了大楼，于是主角需要在炸弹爆炸之前冲进去）。转换的另一个说法就是命运的反转。这一关中间发生某件事改变了关卡的动态。在任意一部好电影的伟大段落里都存在一个反转
最终行动	在每个关卡的结尾故事应该有发展。世界已经不一样了，玩家更加深陷这个世界。没有回头的可能性
闲棋冷子	微妙的情节点。对白、旁白、提示、图片、符号等很多方法都能保证其他故事线的进行。 最直接的办法就是让角色简单说出他的意图，或者直接接上一个"闪回"。这跟比赛中一直显示比分和当前情况有点像
价值系统	这个世界里什么是有价值的？你如何展示这个东西？有什么跟命一样宝贵？金钱？什么是重要的东西？
真实世界的细节呈现	让这个世界和故事真实可信的任何细节。窗外的城市、收音机，展示哪些细节能让我们觉得自己是在一个活生生的、有呼吸的世界里，而不是困在一个游戏中？
前一个关卡的报偿	关卡并不是在真空中，场景也不是独立存在的。如果前一个关卡我们安排了冲突，就应该在这里得到报偿，并提醒玩家之前的冲突
之后关卡的布置（未来可能性的揭示）	每个关卡都给玩家设立了一个目标。如果我们听说了游戏中有一个特别猥琐的杀手，就知道我们的英雄迟早会与他对决。任天堂的游戏经常会给你展示一个有趣的地点，但是不会让你当即就到达。他们这样做是为了激起你的好奇心，并且预示之后的游戏机制
匹配元素（例如重复出现的元素）	游戏所错漏的东西。回到你已经去过的位置，提醒玩家故事已经进展到什么地步。这可以节省美术的工作，并且构造故事。重复出现的元素的另一个作用是建立一个标志（比方说吴宇森电影里的鸽子）并不断加强
脱出	与"进入"对应。这一步可以让落幕过程变得有趣，让玩家期待下一幕会是什么，然后给他一个惊喜。同时用视觉或者文本的方式告诉玩家他在这个关卡的成果

行动练习（黄金）——剧情模板

在你的游戏的剧情关卡模板里填空。这可能需要几次才能完成，因为它会强迫你思考之前没有注意的问题。不要着急，按部就班地尝试，看看你能创作出怎样的内容。

游戏关卡设计模板

类型	描述
关卡名	这一关叫什么名字？与其简单地描述地点，不如用故事情节来概括。比方说，你不用叫这一关"阿尔法空间站"，而是叫"枪手找到了女孩"
任务目标和赌注	玩家应该很清楚他在这一关的目标。他可能不会完成这个目标（他可能会干掉几个敌人，击退他们一段时间，或者获取关键信息后成功逃脱），但是玩家任何时刻都应该知道他要做什么
子目标（可能是已知的，也可能是出乎意料的）	我们可以试试设置一些比"找到三把钥匙"这种任务更有趣的任务目标。你能够在游戏里加入怎样出乎意料的挑战呢？
试验（不守常规的想法）	你在设计每一个关卡时都要把它当作有史以来最独特、最有意思，而且前无古人、后无来者的关卡来设计。你可能做不到这点，但是每一关都应该有一些闪光点
原始冲动（关卡应该有的行动和感觉）	角色被什么事情驱动？为阻止大规模杀伤性武器而进行的疯狂追逐？交火的兴奋刺激？潜入一个环境而不被发现所带来的有条不紊的挑战？这与情绪有关，但是主要是本能的反射
参考	如果你参考了其他的游戏或者电影，为你这一关带来了灵感，请告诉大家你参考的是什么，以及你想要这部游戏或者电影的哪些元素
音乐和音效	关键背景音乐在哪里播放？环境声是什么样子？如果玩家翻过一扇窗户，请务必描述窗外的声音（街头交通等）。这不光是为了展示游戏调性，更是为了在游戏中创造出一个活生生的世界，你甚至不需要视觉或者角色来支撑这个设定（卡梅隆将音轨称之为"隐形演员"）
胡萝卜与大棒	玩家的动机是什么？他在追逐某样东西，或者某样东西在追逐他？

类型	描述
有趣的起始点	角色是如何进入场景的？将这个部分尽可能做得有趣。请记住古老的真理："如果你的角色从门里进来，那么一切正常；如果从窗户里进来，那么就出状况了。"
吓一跳	在游戏《生化危机》（*Resident Evil*）里，狗会破窗而入。游戏里玩家非常容易会被它吓到。如果这样做符合游戏和故事的逻辑，那么就吓吓玩家
展示和隐藏的信息（玩家是如何知道这个任务的？）	玩家在任何时间都应该知道他该完成什么任务。让玩家在迷宫里无穷无尽地转悠的做法已经过时了。偷懒的办法是找一个任务简报"唐僧"告诉他任务是什么，而更好的办法是让关卡目标出现得尽量自然。整个关卡的设置应该要能加强任务的目标。比方说，如果玩家的目标是找到秘密仓库，他自己就能发觉，守卫越强的地方离目标越近
资源	一路上的升级、弹药、血包这些都是怎么布置的？摆放的位置应该是出乎意料的
倒计时	使用图像、声音和音乐提醒玩家时间紧迫
隐藏目标和彩蛋	我们能够在关卡里放一些彩蛋吗？玩家会记住它们的
大发现	这是最棒的感觉。你发现了如何通过这一关卡，这是纯粹的灵感爆发时刻："啊哈！"
敌人——环境、反派、对决	如《星球大战》中的皇帝（你感觉到他存在的时候要比面对他的时候多）、达斯·维达以及暴风兵。你要与之战斗的杂兵。他们都是谁？他们的动机是什么？他们会逃跑，还是会战斗到死？
系统与破解系统的办法	这是每一幕的逻辑。如果你进入了敌人的巢穴，花一些时间思索敌人会如何防守。这个地方的弱点在哪里？比方说，这个地方到处都有摄像头，与其破坏所有摄像头，不如先去监控室把所有的监控人员干掉。同样，如果警察在大街上追你，你会发现屋顶的路线非常有效
存档点	不要让玩家一遍又一遍地做一些很困难的事情。也不要让玩家重复看同一个过场，就算这个过场你花了很多时间
分数	游戏中有分数概念吗？如果有，这个概念是如何传达的？分数有很多种形式
陷阱	陷阱很好用。陷阱有很多种类型，比方说地板塌陷、埋伏、警报摄像头等。如果玩家踩进一个陷阱后想"我应该注意到的"，那就很好（比方说一个太显眼的宝箱）
武器和工具	你的角色有什么武器，他怎么拿到的？他怎么背着这些武器到处跑？每把武器有何区别？工具有什么出乎意料的用法？考虑工具和武器的关系。比方说，如果你可以把锁打掉开门，那么你的枪实际上就是把钥匙

（续表）

类型	描述
小工具和可损坏物品	玩家很喜欢打坏东西，他们也喜欢很酷的小工具或者魔法
交互问题	我们让玩家进入一个独特的情境，他是如何知道该做什么的？
导航（地图问题）	我们要避免让玩家每时每刻都拿着地图，那么我们怎么能够让玩家找到路呢？比方说，如果在窗外贴一片城市剪影，那么玩家大概就能分清楚南北；如果玩家是要去一个夜店，那么他可以循着声音过去。音乐越响，他离舞池就越近
非玩家角色场景	我们的角色和这些配角要有怎样意想不到的相遇情境？
过场动画（非操作场景）	主要的过场动画有哪些？某一个关卡是否有一些元素需要特别说明？我们用引擎生成动画还是预渲染？
情节道具	哪些物品对于这一个关卡是特别重要的？
不同的死亡和任务失败（以及让人惊讶的任务继续）	你的角色可能会被击倒，但是我们可以设定，他没死，而是醒过来，看见一个赤脚医生在给他包扎，诸如此类。让玩家每次死亡都能学到一点东西，这样他下一次就不会犯错误
场景里需要避免的陈词滥调	我们应该尽量避免所有会在游戏中见到的那些陈词滥调。这样才能带来创造性
游戏的主题	你想要通过游戏和故事传达给玩家什么主题？

行动练习（黄金）——游戏关卡设计模板

你已经完成了一个模板的填写，那么这一个应该会容易一些。开始写吧。

🎮 游戏里的世界

通常情况下，你在游戏的语境里说"世界"这个词，大家想到的是美术部门，以及他们将会如何在游戏里"种植树木""构造地形"以及"搭建建筑物"

等。这么想是自然的，但是我们口中的游戏世界并不仅仅是这些东西。世界对游戏本身有着深刻的影响，比方说汤姆·克兰西（Tom Clancy）系列游戏就是一个"一击死"（one-hit death）的世界。

思考一下，你就会发现这个"一击死"设计不仅仅影响游戏的主题，更暗示了这是一个真实世界。实际上，我们敢打赌，在开发早期某个设计会上一个项目负责人（甚至是克兰西先生他自己）这么说："把医疗包这种鬼东西扔掉。我想要尽可能地真实。真打起来了，你胸口肚子中了一枪，你就死了。如果你就只是皮外伤，好吧，你还可以多撑一会儿，但是也就一会儿，之后你就得去看医生了。""一击死"是一个非常重要的设计决策，它设定了这个游戏发生在真实的世界，对于游戏玩法有着深刻的影响。

游戏人经常会乱用"真实世界"这个词去描述一个根本不真实的世界，比方说《黑客帝国》（The Matrix）的伟大就在于它设定在一个真实的世界。没错，如果你的真实世界包括飞檐走壁、神秘电话、秘密俱乐部的搭讪和开着豪华轿车的高科技杀手的话。他们的实际意思是这不是一个《指环王》（Lord of the Rings）风格的奇幻世界或者高度风格化的赛博朋克世界。

世界会决定游戏机制（"一击死"就是一个例子），游戏机制也会决定世界。"一击死"特工的世界意味着写实风格的画面以及被真实物理原则所限制的角色，例如《细胞分裂》（Splinter Cell）的萨姆·费希尔（Sam Fisher）就不可能举起230公斤的东西或者跳过9米宽的悬崖。同样，这些游戏中的环境也应该是写实的，而不是007风格的那种恶人堡垒。

🎮 游戏世界中的价值所在

游戏世界同样面临着什么东西很重要、什么是有价值的、你玩游戏是要去拯救什么东西这样的问题。一个"一击死"的游戏暗示生命是有价值的。在这样的游戏中，杀人的速度和频率会降下来。枪战的激烈程度会有极大的改变。"一击死"需要利用有耐心、深思熟虑的玩法，而不是没脑子地向前猛冲。你的故事也应该符合这个世界。"一击死"暗示的是这个世界中的威胁是有可能也存在于现实世界中的。

不过，如果你的故事是要把阳光公主从熔岩王国腹地的黑牢里救出来，你的世界观和价值系统就会非常不同。这种类型的游戏本身就设置在丰富多彩且不真实的世界中。这里的技巧在于让世界和价值体系有意义且容易理解，因为这种世界设定中，玩家的目的和游戏的机制是不真实的。

在这种世界里，你不会看到熔岩王国里出现 M16 自动步枪，或者你的人物会有把敌人勒死的攻击动作。这不是说有哪条规矩禁止你这么干。这种情况只会出现在某些类型融合的例子里，但我们通常会将这种"剑走偏锋"作为提高销量的工具，或者至少是可以吸引眼球的工具。《坏松鼠》(*Conker's Bad Fur Day*) 就是一个例子。

🎮 内容与世界如何统合

世界同样也反映了游戏的目标市场。儿童游戏一般都会发生在风格鲜艳的卡通世界里，成人游戏则发生在写实的世界中，世界衍生出了环境。《狡狐大冒险》(*Sly Cooper and the Thievius Raccoonus*) 中的怪盗史库珀 (Sly Cooper) 和萨姆·费希尔都会偷溜到敌人后面然后干掉他们，但是用到的杀人方式和评级是很不一样的。这里好笑的地方在于画面风格的确会"骗过"消费者。妈妈给孩子选游戏的时候可能会选《瑞奇与叮当》(*Ratchet and Clank*)，但是《合金装备》(*Metal Gear*) 肯定不行。20 世纪 80 年代的时候，美国国会谴责娱乐业里的暴力因素，但有些人发现在参议院里向大家展示卡通乌龟的形象看起来会很蠢，所以《忍者神龟》(*Teenage Mutant Ninja Turtles*) 就逃过去了，而《特种部队》(*G. I. Joe*) 则没有。批评者忽视了一个事实，真实的暴力级别是不一样的。

文化上的差别也是存在的。美国人对于游戏里的性很保守；日本人不喜欢太频繁的死亡；德国人则对游戏里的血很计较，所以在德国发行的游戏里，要么没有血，要么血有很奇怪的颜色。现实世界的文化也影响了游戏中的世界。

🎮 和而不同——外表的重要性

你在游戏主角脸上加怎样的胡子，需要跟他的性格联系在一起。萨姆·费希尔和怪盗史库珀的共同点比外表上看起来的要更多。他们都需要弹药、信息、生命值等，区别主要在于外表。世界更真实，就更有可能会有让人很不舒服的东西。世界不真实，则不舒服的东西就越少。

世界同样跟场景有关。这是一个可以自由行走的城市，还是一个点对点跳跃的环境？你所赚来的钱（可能是真的钞票，或者是其他什么好东西）能买到什么有价值的东西？你的目标是什么？你在使命结束时得到的东西应该是真的、在这个世界里有价值的东西，比如宝藏或者信息。

了解角色，了解世界

世界塑造了其中的人物，然而你也可以通过人物来了解这个世界。假设你知道你的世界的主角是有智慧的老鼠。很快你就知道，奶酪很值钱，面包屑也是。猫是很危险的动物（尽管你可能会和一只猫做朋友）。狗是朋友，因为他们恨猫，所以如果你有了麻烦，叫醒那只大黄，你就能活下来。秘密通道很重要。墙上的洞也很重要。你还可能会害怕拿着针管的人类医生，因为他想要用你做实验，在故事的某个段落里，他会抓住你，把你关进他的生物实验室。老鼠经常会落入迷宫，而这个没有鼠诺陶（米诺陶的老鼠版）的迷宫作为一个终极关卡已经很完整了。

世界观则是另一件需要考虑的事情。这点更微妙一些。你的老鼠游戏的世界观是什么？你的老鼠是一个被邪恶的外乡人攻击的无辜角色，还是一个冒险者、窃贼或者中立角色？你的老鼠是一个可爱的小动物还是一只丑陋的耗子？你可以选择不同的设定，老鼠对待任务的态度会因此很不同。这样他们和猫之间的对话也会很不同。

世界设定也是这样的。你的故事在过去、现在还是未来？它发生在美国、俄罗斯还是中国？这个故事是落在一个大城市里，还是一间小屋子里？这一切都对你所创造的世界有重要的影响。

🎮 关于世界设定的问题

游戏的核心优势就在于它可以让人进入另一个现实、另一个世界，它的深度、力度和广度要超过任何其他的媒介。

以下这些问题有助于你创造游戏世界的环境：

- 这个世界里最有价值的东西是什么？在一个战争世界里，它可能是大规模杀伤性武器；在奇幻世界里，可能是一块魔法石；在一个赛车世界里，可能是一套超级加速套件。
- 主角（也就是玩家）需要做什么来取得胜利？
- 谁或者什么东西在阻止他？
- 如果我们的主角死去，世界会发生什么？
- 如果他成功了，世界会发生什么？
- 谁在阻止我们的主角？对方为什么要这样做？
- 这个世界的酒吧长什么样（酒吧似乎是游戏里最常见的建筑）？是 007 电影里那种蔚蓝海岸式的高级风格呢，还是贫民窟风格、里面全都是复眼的怪兽？
- 游戏机制如何限制你，不让你去不能去的地方？这个世界是有一个明确的地形限制，还是你可以自由移动？你怎么知道你走错了地方？你怎么知道你走错了方向？如果这是个开放世界游戏，游戏机制是怎样引导你前进下一步而不是瞎转悠的？同样，在一个线性关卡游戏里，游戏机制是如何创造玩家拥有选择的幻象的？
- 时间在这个世界里重要吗？游戏机制与时间是否有关？
- 游戏里是否有日夜变化？
- 这个世界是否有相关的艺术作品？

🎮 其他世界构建技巧

你还可以把故事想象成一个事件链条的连锁反应，就像 20 世纪中期老卡通片里的那种戈德堡机械。我们做这个类比是为了说明这是一个连续的链条：进行动作、事件发生、坏蛋反击等。这是一个物理的过程，但是想要它起作用，我们就必须理解这个世界的规则。这意味着你必须花很多时间来建立这个物理规则，或者借鉴现实世界的规则。

你也可以从关键事件（key scene）或者神秘时刻（mythic moment）开始写起。假设你有一个自己心仪的事件，先把它写下来，然后再把其余所有由它开始或由它结束的故事写下来。事件之后或者之前都发生了什么呢？

事件中的事件也很好。每一个事件都有另一个事件在其中发生。考虑一下事件可能会引向的另一个方向。在游戏中，你有这样的自由，而且你确实可以走另一条路。

当你建立起了世界，就可以构建故事了。有了一个吸引着你的世界之后，从这个世界开始构建故事。世界里什么是有价值的？谁拥有这些东西？谁想要这些东西？

同样，你也可以利用你的英雄或者恶人构建故事。先假定你已经确定了你的英雄，然后设计一个需要你的英雄的独特能力的世界。

行动练习（白银）——创造一个英雄和他的世界

为你的游戏创造一个英雄，并且构建出世界的细节。思考英雄和世界是如何联系在一起的。你的英雄是否能在其他的世界存在？如果可以，你能够如何更改你的角色和世界，让它们彼此依存？

交互创作就是处理未知的过程。我们可以创作出故事的另一个走向：每一个故事都包含另一个没有发生的故事。每一个事件都需要有一个反转。在分支剧情中，你可以写下故事的不同走向。

第 *5* 关

构建角色

✦ 角色类型

在游戏里会出现的角色主要有如下 5 种类型。

玩家角色（PC 或主角）

这是你作为玩家在玩游戏时所控制的角色。它可以是玩家自己所扮演的角色，也可以是玩家所控制的角色（取决于游戏的视角类型）。玩家所控制的角色可以多于一个。有些游戏里，角色的切换是强制的（角色切换会被游戏中的事件所触发，接下来你必须控制一个新角色）。大多数有多个可控制角色的线性游戏都会使用强制切换。一般来说，这些游戏里的每个可控制角色都有自己的技能，能够让玩家过关。理想情况下，你应该允许玩家选择他想要控制的角色，并且让角色切换成为游戏机制的要素之一。在多角色游戏里，我们通常的做法是在角色之间分配属性特质，所以从本质上讲，他们都作为元角色发挥作用。一些游戏也会让玩家选择或者自行打造角色。

大多数著名的系列游戏都有着自己的标志性角色。最好的那些角色成为游戏产业的标志——马里奥（Mario）、劳拉·克劳馥、士官长（Master Chief）、古惑狼（Crash Bandicoot）、固蛇（Solid Snake）、萨姆·费希尔、怪盗史库珀、吉尔·瓦伦丁（Jill Valentine）等。请注意，你的角色也可能并非人类。

玩家角色是你的"大系列"游戏的核心。他们在你所创造的这个世界里生活、战斗、行动、反叛、探索、改变、成长、互动，甚至牺牲，同时他们也是影响游戏成功与否的最大因素。玩家角色就是我们自己的替身；在游戏里，我们通过他们来克服困难，征服恐惧，最后达成目标。千万不要低估你和玩家角色之间所能建立起的联系的力量。

非玩家角色（NPC）

在游戏世界里还有另外一些角色。这些角色都会跟你有一定关系：盟友、敌人，或者中立角色。就如同这种角色的命名，你不可能直接控制这些角色，但是你可以做出选择，影响这些角色的行动。任何游戏里的大部分角色都是非玩家角色。以下是非玩家角色的类型：

盟友

盟友会帮助你，或者被你帮助。盟友可以是你突击小队的一员，或者你要拯救的公主。

中立

一个中立的角色，对你不友好也不敌对。比方说街上乱逛的人群或者卖给你武器的商人。中立角色的意义在于给世界带来生气，同时在你的游戏里建立一种真实感。想想《星球大战》里的小酒吧，里面的绝大部分人都是中立角色（有一些不喜欢机器人）。中立角色给这个场景带来色彩，告诉你关于这个帝国边缘世界的很多信息。实际上，他们也告诉了我们帝国和反叛军的很多事情。这个世界有了维度，而不是纯然的黑与白。游戏里故事的一个问题就在于所有事情都倾向于黑白分明。中立角色会带来不同的灰度。

敌人

敌人会主动阻止你完成任何你努力完成的任务。敌人有很多不同的种类、尺寸以及能力。在一个第一人称射击游戏里，敌人的类型会涵盖一般炮灰到特殊兵种，诸如狙击手和掷弹兵。

　　请记住，非玩家角色的类别可以是动态的，能够根据玩家的行动而变化。拯救一个中立的非玩家角色会让他变成盟友，而攻击一个中立的非玩家角色会让他变成敌人。

　　非玩家角色的另一个特点是，他们可以是有自主动机的角色。他们可以有自己的目标，或许这个目标还与主角的目标有所冲突。比方说如果玩家角色是一个宝藏猎人，非玩家角色可以同样是宝藏猎人，并且与你竞争。在某些短期任务中，他可能会认为与你合作符合他的利益。在其他的一些事件里，你则要与他们竞赛寻找宝藏。

　　这些角色也许要去执行与你没有关系的任务，但是在游戏过程中你们有了联系。举个例子，一个女性间谍正在执行一项复仇任务，目标是最终的幕后黑手。她愿意帮助你，只要你能够让她最终完成复仇。

　　当然，这种复杂的角色需要额外的开发和编剧资源来将其完全融入游戏之中，所以你会发现这些角色经常会成为游戏的主要角色（primary cast）。

关底头目

　　关底头目是一种独特的非玩家角色，是玩家在游戏中会面临的大敌（uber-enemies）。通常关底头目拥有与自己行动有关的特有游戏机制。他们比其他的敌人更为强大，而且有自己专属的故事元素。你要打通关卡或者完成任务，就必须击败关底头目。这个游戏的主要反派通常被称为最终头目。基本上这个角色会有自己的游戏机制，所以最难被击败。通常，也会有一个叙事段落专门讲述关底头目和玩家角色的关系。

玩家引导型角色

　　这种可以听从玩家命令的角色在小队作战类和冒险类游戏中非常流行。比方说，在一个战斗游戏里，你控制的是一小队战士。你可以发布命令，让他们攻击敌人，移动到特定地点，或者保护你。

　　玩家引导型角色可以看作是玩家角色的子集。在游戏过程中正确指挥他们

（并且让他们存活）通常与控制玩家角色同样重要。一旦你给玩家引导型角色下达一个命令，他们就会自动执行命令，但是你不用直接控制这些角色。你与这些角色的交互和剧情通常会很深，同时你会花很多的游戏时间与他们一起战斗和冒险。在游戏过程中，你可能会控制很多不同的玩家引导型角色。

🎮 玩家角色与非玩家角色的关系

每个角色都与创造它的编剧或设计师有一定的关系。有一些角色（比方说主角）你花了很多天，甚至是几个月来构建、调整，而其他一些角色（炮灰）则就套个模板。但是无论你为这些角色花了多少时间，如果你工作做到位了，那么玩家就会对他所控制的角色有情感上的投入，同时与游戏里的其他角色都有一定的交集。

我们在上面已经讨论过这些内容了，现在我们想要花上更多一点的时间来关注非玩家角色。因为非玩家角色的行动是完全由设计决定的，所以对游戏体验的总体影响最大。

每个非玩家角色在任意时刻都会是你的盟友、敌人或者中立者，所以玩家角色与其他角色的关系可以画成一个矩阵。我们给每种类型列了一些典型的例子，但是可能性是无穷无尽的。

在这里我们可以举例说明。假设你在设计的这个游戏设置在二战期间，你的角色是一个美国大兵，蹲在死亡地带的战壕里。

行动练习（白银）——角色关系表

为你的游戏填充角色关系表。

🎮 角色反转与效果

戏剧从来不是静态的。戏剧性产生于动机转换（或者揭示）。当敌人转变为朋友，或者朋友变为敌人，那么戏剧性就此产生。中立角色改变、选边站队、原本的朋友成为敌人，或者原本的敌人成为朋友，也会产生戏剧性。

角色关系表

	盟友	中立	敌人
玩家为中心	该角色会与你共同作战，给你重要信息，在冒险过程中帮助你。这个非玩家角色一般会是游戏中的重要配角。举例：你的小队队长邓飞军士	该角色可能愿意帮助你，但取决于具体情况。他们既不是朋友也不是敌人。他们是谁取决于条件如何。这种类型的角色在某些情况下可以在游戏叙事中起到重要的作用。举例：法国酒吧女招待索菲	该角色是你的敌手，唯一目标就是阻止你或者杀了你。这些角色会是反派，或者反复出现，经常是游戏叙事的中心。举例：德国步兵司令卢卡斯中尉
地点为中心	该角色是保护据点的士兵。你会与他们协同作战，之后继续前进执行你自己的任务。这些角色一般会被分类为"红衫"① 举例：二等兵沃尔什（很快阵亡）	任何出现在特定关卡或者地点的角色。这些角色与以玩家为中心的角色不同，他们不会在之后再出现，而且更容易成为你的朋友或者敌人。举例：逃出被大炮轰平村庄的农民	你在游戏里遇到的大多数敌人都是这个类型的。他们基本上就是守卫，负责巡逻和保护一个特定地点（或者攻击一个特定地点）。这与他们的角色特性没有关系，他们只是执行任务而已。举例：德国机枪排
自身动机驱动	这种角色会与你一起行动，但是目标与你不一样。他们有些时候会间接给你造成麻烦。举例：法国自由战士	角色有自己的目标，与你既不是同盟也不是敌人。举例：商人路易，倒卖从战场捡回来的装备	角色在游戏里游荡，与你竞争完成一个任务。他不一定会与你的敌人属于同一阵营，但是他是你的敌人。举例：与你争取下士军衔的对手二等兵福克斯

　　在游戏过程中，角色关系可能会改变。我们都记得在一些游戏里，我们的助手、指挥官或是同行旅伴变成了恶人。因为游戏的叙事需要紧凑，所以说我

---

① 《星际迷航》里的炮灰舰员角色，以穿着红衫而被命名。——译者注

们的角色数量会比较少，于是背叛会经常成为故事的中心主题。举例来说，你会突然发现你原本认为是在帮助自己的格尼斯大人实际上是你的敌人，于是你得去与他战斗。

当然，我们知道这个背叛会发生（毕竟这是我们的创作），但是我们希望玩家看不到，而且在答案揭示的时候感到惊奇。如果我们做得好，这就是一个让人满足的反转（如果我们恰如其分地安排了暗示，玩家会意识到我们很"公平"地给了他提示）。整个世界变得生动，这种关系的变化就是戏剧性。如果我们做得不好，那么这就会对我们之前的所有安排造成损害。玩家感觉自己被故事骗了，这是非常糟糕的。

与其他形式的娱乐不同，玩家可以是其他角色转变的动因——你在游戏中的行动会影响到其他角色对你的看法。因为角色的动机和关系是一个动态变化的过程，所以我们也要用游戏独一无二的方式去探索角色之间的关系和互动。特别当这个反转是被玩家的行动所触发的时候，其效果就会比简单地揭示因果要强大得多。

如果你能够把格尼斯大人的背叛动机做进游戏机制里，游戏的情节发展会立刻从老掉牙变得非常有说服力。格尼斯大人或许会这样说："我会与你并肩作战，击败沃罗什混乱大魔王，只要你帮我夺回我的城堡。"的确，他帮你击败了沃罗什，但是你决定跳过城堡的任务，毕竟它不在你的任务列表里。现在，格尼斯大人要来针对你了。你（在游戏流程中）的背叛导致了他（在叙事中）的背叛。

现在你需要为此付出代价，打一场没有预料的仗。如果你被杀掉了，或者你在做出那个重要决定之前存了档，就可以回去做掉那个城堡任务，可能还能拿到出乎意料的奖励。在这两种情况下，你在未来的冒险和故事都被你做出的决定改变了——如果你帮助了格尼斯大人，他的手下在之后会帮助你；如果你不帮他，他们就会针对你。

你应该在设计过程中仔细考虑清楚这种会导致反转的决策。它在设计上增加了游戏深度的同时也增加了所需的资源和复杂度。还有一件事实际不需要提醒，但是我们在这里要再次强调——不应该有任何一种选择支线的结果让玩家在接下来的游戏里遇到极大的困难。这个结果可以是让玩家的游戏过程变得比较困难，但是不应该让玩家完全不能承受。

分支可能性和分支结局只能在互动媒体中出现。多角色和故事弧线不会被分支所消灭，而是通过创造出一系列的触发机制，直接影响游戏中的角色如何与你进行互动。上面所说的例子跟你射中一个中立的非玩家角色，他就会对你产生敌意是一个意思。这只是一个稍微复杂一点的版本，其机制是相同的。当然，如果你想要让自己游戏中的关键角色有如此大的变化，那么你就必须创造出很多不同分支的任务和故事线来支撑这种变化。

角色回报和惩罚

回报和惩罚（rewards and punishments）是游戏机制的核心动力。这就是胡萝卜和大棒，一个引诱你玩下去，一个驱动你进行游戏。从基本定义上看，我们玩游戏的时候都在期待回报（进度、胜利）和逃避惩罚（障碍、失败）。

回报的形式多种多样，从升级到胜利过场动画。惩罚同样，从失去"生命"（对玩家来说就等于丧失游戏进度，也会浪费时间）到丢失机会都有。一般来说，回报和惩罚是设计师的职责范围。可以说，看角色如何得到回报或者惩罚是最能够了解游戏世界和角色地位的办法。这就是游戏的价值系统（value system），它需要与叙事统合。在任何世界里，特别是游戏的世界，所有事情都与它的价值有关。

角色被他们所做出的选择所定义——这点千真万确。英雄在逆境中如何抉择展示了他的性格，恶人在诱惑中如何行动展现了他的本质。游戏的精髓就在于其独有的特质能够让你为这些角色做出选择。

我们来设想这样一个场景。你在玩一个游戏，角色的境遇如下：他的护甲很差，正在争分夺秒去营救一个人质。如果你在护甲很差的情况下去实施营救，你可能会死。如果你去寻找护甲，人质会死。这在很多层面上都是一个难题。你会如何做？游戏设计与叙事在之前就应该估计到玩家的选择，并且做出调整。游戏最终选择如何奖励或者惩罚玩家是整个游戏体验的核心要素之一。这种两难困境是鼓励你正面对攻、失败重试，还是让你怒摔手柄？

如果你玩的是一个已经设定好的角色（比方说授权角色），那么玩法和叙事都会从这个角色的特质中衍生出来。比方说，很多主流"大系列"游戏都强制角色不能主动伤害无辜群众。如果你违背了规则，那附加伤害就是得到严厉惩罚。相对地，如果你扮演的是一个狂人，那么你可能会因为杀掉多少人而受奖励。这是一个重要的决定。你必须决定你的角色在游戏中会做什么、不会做什么。你允许自己的玩家去做一些脱离角色的事情吗？或者你会惩罚这种行为？

不是所有的回报都会有直接的奖励。比方说，在一个"大系列"游戏中，为了增加深度，我们会把一些额外信息点（info nuggets）放进游戏。这些信息只是关于反派或者地点的只言片语，对玩家来说可能是线索，但是其主要功能是在系列游戏中作为一种收集任务。玩家可以收集这些信息，然后在一个档案库里浏览，包括一些短电影或者类似幻灯片的信息。这样一来，你便提供了一种回报，这种回报在单个游戏的叙事之外，但在这个系列游戏的叙事之内。

以下这些都是回报或者惩罚玩家的常见方法。思考你要如何将其加入设计和故事。

回报

- **资源（生命条数、血条、燃料、弹药、武器）**。在很多游戏里，这些东西都散落在场景各处，玩家探索场景就能找到。这样，设计师可以用这些"面包屑"来引导玩家按他们想要的方向走。资源也可以从死掉的敌人身上搜刮，强迫你冒风险战斗。

- **提升攻击力**。它能让你的玩家获得力量和能力来完成特殊任务，但通常是有时间限制的。

- **信息**。信息的来源有很多种形式：让你知道哪里能找到你需要对话的角色、宝藏地点、通往下个场景的传送门，或者如何屠龙、敌人埋伏在哪里。信息是非常好的奖励，因为这会鼓励你深入游戏。

- **钥匙（解锁游戏的新区域）**。我们在这里用钥匙指代任何可以帮你解决问题的物件（虽然很多游戏还是会用"红色门卡"来通过"红色门锁"这样的游戏机制，因为玩家很容易理解）。

- **技能（战斗、攀爬、潜伏等）**。这种方法可以让你的玩家通关，获取新的能力。举例来说，你游戏的进度越深入，你的技巧就越多，就可以到达你之前去不了的地方，开启新的关卡区域。

- **分数（如果游戏记录分数的话）**。对于玩家来说，使用标准来衡量进度（无论这个积分系统如何随意）仍然是个很能让人满足的办法。
- **升级和附件**。给你的武器和装备增强性能。比方说，给武器装上消音器，或者给装甲加上附魔。
- **可收集物品**。增加这些可收集的有价值的物品，这些物品对游戏进度是否有直接影响由你决定。
- **解锁更高难度**。这个奖励允许玩家在更高难度下玩游戏（通常是在成功通过低难度关卡之后）。
- **揭示隐藏区域或者角色**。对于玩家来说，这个举动是非常有满足感的，因为它的附带效果就是发现的快乐。
- **新的盟友**。很多情况下，成功会带来新的盟友与玩家一同战斗。
- **游戏存档**。很多游戏专门设计了存档点（Save Points）来最大限度地制造张力，给玩家带来回报。例如，玩家正好在被砍死之前这样一个关键时刻抵达了存档点。
- **彩蛋**。彩蛋可以是额外的有价值的物品、隐藏的游戏玩法、特殊代码等（当然还有游戏里的小幽默），需要玩家去寻找。

惩罚

- **进度**。这是最普通的一种，通常在角色死亡时起作用（你得从上次存档的位置或者从关卡开头开始）。
- **能力**。削弱玩家在游戏中前进的能力。生命和护甲损失是最常见的设置，嵌入在游戏机制里。下降的生命会影响玩家角色的速度、战斗、瞄准准星等。
- **时间**。时间一直是控制情境最好的办法之一。每个人都能理解在倒计时下的感受。时间的流逝增加了紧张感。
- **资源**。资源惩罚一般指的是拿掉玩家已经收集到的资源。打个比方，你被攻击了，你的钱包被偷了，然后你需要重新收集这些资源来继续前进。
- **新的敌人**。有时如果玩家错误攻击了一些角色、群体或者中立的非玩家角色，就需要面对新的敌人。

回报和惩罚帮助引导玩家进行游戏。这两个机制让他能够完成任务，给他提供一个标准来衡量他的进度（或者进度缺失）。下面我们来分解一些主要的做法，向大家展示游戏所使用的模板。

第一个类别是"基本"资源。第二个类别是资源的"效果"，第三个类别就是类似于"假胡子"（moustaches，即支线剧情）这种供不同类型的游戏所使用的备选方案。

行动练习（白银）——创造自己的回报和惩罚列表

想象你的生活就是一个游戏。什么样的回报和惩罚系统会更好地激励你的行动？列出一张表，详细写出你认为它们会影响你的原因，以及你如何做出相应的行动。

拓展角色——模板

游戏和故事在叙事驱动的游戏里（我们最常做的类型之一）是相互交织的。我们一直在想办法将这两者联系起来并且互相嵌合，以创造一个无缝的交互体验。我们会用下面的模板来进行角色生平（Character Bio）创作，其中有很多信息不会直接放入游戏中，但是会帮助你对自己所创造的角色有个清晰的认识。这就好像搭建一个冰山，但是玩家只会看到冰山一角。你花越多时间来研究这些细节，游戏中的角色的观感和交互就会越好。

这个模板列表所包括的问题不会与你的每个角色都有关系。不同的游戏有不同的问题，所以你要适当为自己的项目做一些调整。

请用不同的方法来填满这张表。你可以采用传记作家的方法，根据事实来回答这些问题。通常情况下，我们发现采取让角色自己回答这些问题的方法更有效，所以我们会用第一人称视角来写下答案。

如果你在填写模板的时候被某个问题卡住了，直接跳过就好。你不需要线性地思考问题，可以之后基于已有的材料再回来填空。当你慢慢构建出这个角色的形象的时候，你会发现回答这些遗留的问题非常容易。

资源模板

资源	效果	替代品
食物	你需要它来让角色活动。有些时候它也可以让你获得额外的时间	燃料、空气（在太空或者深海游戏里），这些资源可以回复生命值或者增加时间；燃料则用来保持车辆运行
弹药	武器的消耗品。你需要弹药来战斗。一些游戏里会给你一把弹药无限的基本武器，其他游戏里则需要你仔细计算弹药，鼓励不同的打法（比方说潜行）	需要时间来冷却的法术
生命	在战斗之后需要自我恢复	因果报应、隐蔽度
护甲	让你不会轻易受到伤害（与血条经常混用）	力场、附魔
能力提升	给你新能力，增强旧能力，或者提升你现有的能力水平	宝石、种子、光环
钥匙	让你进入之前不能进入的区域	门卡、开锁装置、地图、线索、暗示、信息
探测器	让你看见环境里看不见的角色或者物品	红外、夜视、魔法
分数	分数有两种：一种分数可以让你"买到"东西，另一种则仅仅是给玩家一个评价标准，衡量成就	玩家的"评级"经常用分数做标准。玩家可以用很多手段过关，但是游戏会鼓励他们重玩、拿到高分数、解锁彩蛋或者给他们其他一些回报
彩蛋	秘密区域、探索新路线，让玩家更觉自己特别厉害	彩蛋包括相关的信息、"热咖啡"式的秘密可解锁事件[①]、隐藏视频或开发者照片等
隐藏级别	并不是资源，但是这与角色的环境和地点相关，它会极大地影响玩家的状态	阴影、警报信号、测量表等

---

① 此处指《侠盗猎车手：圣安德列斯》（*Grand Theft Auto: San Andreas*）的"热咖啡"事件。——译者注

回报模板

回报	效果	替代品
过场	播放过场动画，让玩家知道他完成了目标，并且给予视觉、故事或游戏的回报	关卡计数画面
增强	额外的杀伤力和生命值让玩家能够击败更厉害的敌人	武器模块、新法术、弹药包、角色增强
知识	让玩家前进下去的信息	新关卡开启、隐藏地点、事件和行动预示
财富	在游戏里买东西花的"钱"	分数
状态（角色或装备）	生命、护甲、物品栏重置	也可以重置弹药、法术、能力

惩罚模板

惩罚	效果	替代品
死亡	你的角色死掉了。	这是给玩家的失败通知，然而死亡自身并不是很严重的惩罚，特别是在玩家可以在附近地点重生而且没有其他惩罚的情况下
丧失进度	重新开始这个关卡或者在上个存档点开始	《波斯王子》（*Prince of Persia*）整个系列都建立在如何处理这个问题上。时间回旋将烦人的游戏传统（进度丢失）变成了一个游戏机制，允许玩家回转时间，再试一次
丧失力量	夺走玩家角色的能力	丧失力量的另一种方式就是丧失能力。举例来说，你的角色生命值受损，他可能就没法跟之前一样稳定地瞄准、跑得一样快，或者爬上障碍等。二者的差别是这里的丧失力量是暂时的，他的生命值恢复之后，能力也会恢复
丧失时间	倒计时，用来逼迫和操纵行动	在一个计时关卡里减少玩家的时间。这是一个重大的平衡问题，你得尽量做到公平。如果你能够减少玩家的时间，也应该有一个机制可以增加时间

建立样本

现在假设你构思了一个叫《哈迪斯杀手》（*Hades Hit Man*）的游戏。你在游戏里操纵的角色是矿渣杰克。他努力从地狱最底层爬上来，所以他要给黑暗神干脏活。规则是，他需要每十分钟就干掉一个好人，否则就要经受永恒的酷刑。然而，他不能杀被恶魔附身的人（有很多这样的人），所以说他需要用自己的"洞察之力"（热感应的另一个版本）来确保他杀掉的都是无辜的人。

我们在给这个游戏做设定的时候大概就是建立起游戏的部分核心机制的时候。通常情况下，故事会引向合理的游戏机制。我们知道游戏的调性就是如此（甚至是黑暗、反英雄）。我们能够想象出地狱里和在现实世界中的那些关卡。我们知道自己要对抗的有人类和恶魔，甚至还有天使。我们知道自己身负来自地狱的"力量"。我们知道游戏里有时间限制，失败就有严重后果。

现在我们来看看这个模板。从以上的《哈迪斯杀手》的设定中，我们给杰克填了这个模板，看看有何后续。

角色模板

名字	矿渣杰克
故事目标	无论最终结果如何扭曲和不堪，我们都将跟随杰克踏上他的救赎之路
游戏机制目标	玩家角色
阵营	中立邪恶。他不会随意杀人，但是他会杀掉所有挡路的家伙
形象	恶棍
基本性格	漠然、空虚。他已经完全堕落了，虽然他的眼神里偶尔还有一丝活力
特殊能力	他能够分辨那些自己必须收割并献给黑暗神的无辜灵魂。请注意，他有可能会遇到一个纯洁到让他无法下手的灵魂，而这会引发他不能想象的混乱。

（续表）

名字	矿渣杰克
教育及智力	大学毕业，甚至有一个博士学位。人世间的生活已经离他很远了
家庭	他已经完全不记得了，尽管他很想记起来
愿望	杰克认识到自己已经永远地被诅咒了。他只是希望自己所受到的折磨能稍微减轻。这不算什么愿望，但是此时他能希望的只有这么多
癖好	赌博。他在赌桌上的时候才觉得自己活着
工作以及他对工作的态度（好或坏）	别西卜的杀手。一开始他对工作并不怎么满意，但是最近他开始喜欢这个任务了
目标	杀掉无辜的灵魂，把他们送到地狱。避免永恒诅咒（在他已然承受的那些之外）
角色想要的是什么？	最终能够得到救赎，然而这看上去不太可能
角色爱什么或者谁？	杰克依稀记得家里的宠物。他不记得是只狗还是猫了，可能是一只鹦鹉。杰克想自己应该爱这个宠物……或者说他想要记得自己爱它。"他不记得"这件事让杰克很烦心
他害怕什么？	他不害怕任何东西。这是他如此危险的原因。如果恶魔知道这个，可能就不会用他
他为什么要卷进这个境况？	他无从选择
有其他身份或者角色吗？	杰克可以在世间行走，跟你在街上看到的任何人都别无二致
用一个词来形容这个角色	疲倦
技能	神枪手。速度极快（你会认为杀手应该知道如何用枪。如果他不会用枪，这就是一个独特的角度——他可能需要学习如何当杀手，这是他冒险的一部分。）
向谁汇报	地狱的特派员之类的角色。可以是活人，或者死人，或者不是人的东西，不一定是魔鬼。他也可以通过心灵感应交流和接受命令
谁向他汇报？	无

（续表）

名字	矿渣杰克
标志性物件	杰克有一把被诅咒的枪，枪本身有杀人的渴望。杰克必须安抚它，否则它就会与他为敌
常见情绪（选择三个）：疲惫、迷惑、狂喜、负罪、怀疑、愤怒、歇斯底里、泄气、悲伤、自信、尴尬、高兴、淘气、恶心、害怕、暴怒、耻辱、小心、自鸣得意、抑郁、充满希望、压力巨大、孤独、痴情、嫉妒、无聊、惊讶、恼火、震惊、羞涩	疲惫、悲伤、淘气
标志性动作	杰克说话时会收紧肩膀，仿佛他想要从他这身皮囊中逃离出来
国籍	随意，角色可以是任何地方的人
种族	同样随意
宗教	堕落（得很厉害的）天主教教徒
最喜欢的食物	快炒蘑菇
角色穿什么衣服？（注意：角色的穿着可以有很多样式，但是他应该有一个"标准"装束。邦德穿的是无尾礼服；印第安纳·琼斯则穿着皮夹克，戴着一顶浅顶软呢帽）	所有的反英雄都穿着风衣，这实在有点重复。所以我们在这里可以尝试点新鲜的：可以是一套黑色西服，或者是他下葬的时候穿的那身衣服。我们想要很有标志性也很独特的装束
口音	有趣。一种模糊不确定的口音，暗示他的背景故事，我们可以探索
口头禅和黑话	杰克可以讲一些从另一个时代来的习语，这暗示他在地狱里受折磨的事件比我们原先以为的要长得多
角色最可能"融入"的地点	地狱，以及大都会的一些地方
角色在哪里出生？	伊利诺伊的斯普林菲尔德。但是杰克不记得了。他会记起来的
角色都去过哪里？	杰克去过世界各处。他去了全球很多地方寻找无辜的人，然而他也会对某些他生前去过的地方有似曾相识的感觉。这种连接可以在游戏的进程中逐渐变得更加清晰。不过，背后藏有更大的阴谋，杰克被迫去"狩猎"的地点并不像我们以为的那么随机

（续表）

名字	矿渣杰克
角色在哪里生活？	杰克没有家
角色在哪里死去？如何死去？	杰克在一场车祸中死去，当时他在努力逃避追捕。他不记得是为什么了，但是他确实知道其他人死了
角色所穿戴的首饰、物件或者文身	杰克的两只手掌上文了一对骰子。奇怪的是，骰子的面向会根据情况和他的情绪发生改变。这可能是一个预言装置……如果杰克看了他的手掌，发现骰子是两点，他的胜算就很糟糕；如果他看到了一个七点，则事情就不一样了
角色二分法（角色的内心挣扎）	杰克发现了一个"真正无辜的灵魂"，他没法开枪。这可以是一场危机，也许会演变成主线故事和游戏的反转。同样在这里也有一次调性的调整
角色对游戏中不同的事件的反应（具体讲解几个点）	一开始，杰克对痛苦和折磨是很冷漠的（实际上，他是造成这些的人）。在某个点上，某些事情会用出乎他意料的方式影响他。他可能感受到了欢乐或者——我们可以大胆地说——爱
与其他重要角色的关系	魔鬼：一开始只是杰克的一个手下，后来慢慢变成了威胁
无辜者（尚未决定的角色）——这个角色会帮助杰克不再堕落	死亡天使：在杰克的地盘闹事，站在"错误"的那一边
我们看到这个角色走在街上我们会想什么	我们会紧张，不是因为他的外表，而是那种气质和空洞的眼神
游戏故事开始的前三天（注意：你的游戏一般都会描画角色生命中最重要的时刻之一。他在游戏开始之前在做什么？）	在地狱的底层承受无尽折磨
这个角色是如何脱处的？（这个问题总是很有趣）	这个主意很疯狂，杰克可能是个处男
道德问题：角色在游戏中做出的道德选择。这会影响玩家如何操纵角色吗？	这个角色处在一个道德模糊的地带。我们可以考虑做一个非常大的反转，一开始杰克就在一个不用承担任何责任的世界里胡作非为。然后，我们让整个世界倒转过来，杰克需要处理他所制造的所有灾难

（续表）

名字	矿渣杰克
情绪稳定性	杰克在逐渐失去理智。他还处于早期阶段，但是这个迹象会从对话或者他与其他角色的互动中显示出来
角色做什么来抚慰自己？	赌博的梦
何种恐惧症：恐高、恐蛇、恐黑等	杰克不能忍受独自一人，虽然他最终的渴望就是这个
虚荣	杰克不经意间就很酷。就算他处于当下这种状态，他看上去也像一个电影明星
标志性台词	"去见你真正的造主吧。"
墓志铭：会在墓碑上写什么？	他死得太早了，但这是他活该
建议由哪个演员扮演他？	这个我们得好好考虑一下
看上去多大、健康水平如何	三十出头，不是很健康的样子
看上去多高	比大多数人高，但是走路的时候会微微驼背
看上去多重	正常体重
体型	瘦削，肌肉发达
发际线及发色	发际线很高，头发暗棕色，鬓角灰色
眼睛颜色	深绿色
面部毛发	无

角色模板总结

好了，填完这个模板，我们对这个角色都知道了什么？我们绝对已经想到了所有可以用来扮演矿渣杰克的方式（失魂落魄、饱受折磨，对他来说，现在的任务是个享受，甚至是解脱，因为他已经见过地狱最残酷的一面了）。然后我们会自然而然地问一个问题：杰克在活着的时候做了什么才让他下了地狱？这可能是游戏剧情中的核心问题，我们需要回答这个问题，不过现在我们已经有很多素材了。

在我们的例子里，你会注意到除了直接给出答案，我们也会跑题，被问题激发出灵感。这就是通过这样的结构来构造角色的价值所在。所以在这个简单的前提下，我们在完成这个模板的过程中就已经开始工作了。我们现在可以构思出玩法、故事和我们的反派。

你会注意到户口本式的问题（身高、体重、眼睛颜色等）在模板的最后，因为你经常会发现在探索角色的动机和需求时，它会随着你的想法而改变。一个角色的外表会透露出他的渴望、需求、身份、状态和生活经验。我们把这些问题放到最后，是因为我们不想在构建角色的时候限制住自己。

这个模板基本上不是直接的幕后故事或者人物传记。这个角色在哪里出生这个问题或许会有意思，但是真正的问题是："这会如何影响游戏本身？"角色在自己的家乡和他在一个从未去过的地点行动会是不同的体验。

我们只关注有意义的问题。举例来说，哈利·波特（Harry Potter）的父母是谁是有意义的，而詹姆斯·邦德的父母是谁无关紧要。有时候游戏本身的设计会决定角色的某些特质——比方说你在做一个水下探险游戏，那当然需要角色和水下探险有关系。一个有深度的角色背景不仅仅能够构造出有血有肉的角色，还会十分有助于构建核心游戏机制、关卡、关键道具等。

团队都很喜欢丰富的角色模板，它能够激励大家想出新的主意、讨论和争辩。

显然，这个模板是为主要角色设计的。你如果在为龙套角色填模板，那你可以删掉一些过于深刻的问题，或者你也可以使用我们觉得有用的另一个模板——组织模板。

行动练习（黄金）——角色模板

这个练习不用我说。使用这个模板创造一个角色。这个角色可以是主角，也可以是恶棍。如果你没有一个原创角色，那就试着使用你自己的细节来填写。你可能会发现你自己身上一些有趣的东西（能让你成为游戏角色）。

🎮 创造角色组织：游戏和故事必需品

几乎所有的游戏都包含一大批排列整齐的敌人。这种组织有非正式的（僵尸、街头混混、兽人），也有正式的（骑士、黑帮、军队）。我们将这些角色视为一个组织的成员，并且给这个团体构建出一个详细的故事。这些故事基本不会出现在游戏叙事里，然而创作出逻辑连续的故事来刻画你的敌人、盟友和他们的团体，对游戏的设计有着深远的影响。这也能够加强游戏的丰富性，让你的主要目标不再仅仅是一群无穷无尽的炮灰。

最终，我们开发出了组织模板。这个模板的目的是将一大群关联的角色和他们的关系塑造成一个有逻辑的整体，有助于关卡设计师、美术、程序员和开发团队的其他成员更好地理解战斗里的敌人。

我们同样使用这个模板来构建主角的组织（如果他从属于某个组织的话）。比方说，如果你的玩家角色是日本武士，你肯定很想知道他所属的军阀和他所对抗的军队的详细情况，这些对英雄的动机和背景故事都有明显的影响。

请注意：在这个模板里，我们大量参考了约翰·沃登（John Warden）的五环目标理论（沃登是美国空军军官，制订了第一次海湾战争的空中战役计划）。沃登将任何组织划分为五个要素，他称之为五环。这五环分别是领导系统（谁在负责）、关键系统（组织所依赖的系统，没有这些系统组织无法生存）、基础设施（关键系统的物理部分，比方说建筑、堡垒、通信、装备、食品等）、人力（在组织里的人员）以及武装力量（谁以及什么在保护这个组织）。

使用沃登的理论作为出发点，我们建立了这个组织模板，用来帮助填充游戏中你可能会面对的任何阵营相关的游戏和故事元素。

组织模板

名称	我们所刻画的组织的名字以及简称（如果有的话）
组织的目标	我们的敌人和地点应该显得真实。他们不应该仅仅是用来挡道的。实际上，我们应该理解反派们的日常业务以及我们的主角为什么是对他们计划的破坏
领导层	谁控制这个组织？通常情况下，这个人会是关底头目

组织调性	这个团体的调性是什么？是那种强硬的暴力团体，还是老到的白领犯罪团伙，不怎么使用暴力？
公众知名度	这个组织是公开的还是隐秘的？或者说是处在两者之间的灰色地带（比方说 CIA 的一个秘密部门）。
行动守则	他们的行动守则是什么？这个组织如何达成他们的目标？
力量	这个组织有多少打手？这是一个本地的团伙还是国际的团伙？主角在进攻之前需要考虑的事情有哪些？如果他与这个组织合作，好处和危险都是什么？
关键系统	他们生存的必需品都有什么？也指那些他们没有就无法生存的东西
基础设施	其中包括建筑和关键地点。他们在哪里生活？在哪里隐藏？他们需要怎样的支撑来运转？
武装力量	这个组织的武装力量的指挥结构和兵力类型。不仅仅是人力，同样还包括装备。举个例子，一个装甲师的力量包括人力、坦克和空中支援
态势	态势是进攻还是防御？敌人如何守卫自己？他们需要做什么来发起一次攻击？
人力	这个组织的人力结构是怎样的？比方说，一所监狱就包括囚犯、守卫、勤杂工、访客等，是一个混合的生态系统
他们与谁做生意？	通常情况是，组织与他们的合作方处在同一个水平上
信念	这个组织是由一群领报酬的雇佣兵组成，还是真正信仰坚定的人？
弱点和恐惧	组织的最大恐惧是什么？他们的阿喀琉斯之踵在哪里？
现实参考	现实中的哪个组织最像他们？
外表	他们穿制服，还是便服？衣服什么样？
符号	标识、旗帜、企业商标等
装备	典型的武器、工具等

组织模板总结

如上所述，这个模板可以帮助你创造出基本上任何组织的一般架构，从直白的军事单位到街头黑帮、秘密特工乃至武侠门派。你对自己的英雄所面对的组织得有一个持续且清楚的认识，这会让你的游戏变得更加有力。很多游戏元素的创意，比方说道具、地点、车辆、武器、敌人都可以从这个模板中生发出来。所以，与角色模板一样，让整个团队都来参与填写这个模板，鼓励大家提出意见。

行动练习（黄金）——组织模板

填写模板，构造游戏中主要敌人或者盟友的组织架构。

🎮 敌人状态和架构

一般来说，你的敌人（在单机游戏里）是游戏代码来驱动的。这说明你在设计敌人的时候需要考虑一些基本的 AI 问题。下面列出的是我们为自己的一个游戏做的一些研究。这个列表能帮助我们理解敌方角色是如何运作的。这个列表包含敌方角色所处的状态，以及他们如何根据你的行动改变状态。

请注意这不是一个详细完备的 AI 问题表（整本书一开始就在强调这件事）。我们列在这里的目的是帮助你理解，你在构造敌人的时候需要考虑的事情有哪些。它同样可以帮助你思考这些敌人的强项和弱点在哪里，以及在游戏里如何显露出这些强项和弱点。

未警戒

未警戒的敌人（unaware enemy）有两个模式：守卫或者巡逻。巡逻的敌人是活动的，守卫的敌人是静止的。巡逻的敌人会遵循预设的路线或者活动范围（是按直线、节点或者区域巡逻取决于游戏引擎）。这能让你有机会观察敌人（通常可以确定他们的行动规律），最终决定行动时机（潜行、进攻等）。

守卫的敌人在未对你产生警戒的情况下会静止在某个地方，其中包括很多类型，比方说守住一扇门的门卫、在电脑上工作的实验室人员、待在牢房里的囚犯等。

未对你产生警戒的敌人是最容易处理的，你可以潜行过去，或者想办法攻击。他们的探测范围也最小。

警戒

警戒的敌人（alert enemy）知道你的存在，但是还没有发现你的位置。

达到警戒状态有四种途径：

- 视觉探测
- 听觉探测
- 收到警报
- 发现尸体

敌人警戒之后的状态会改变，他们随后会采取一套不同的行为模式。

除以上的行动之外，一个警戒的敌人可能同样会进入搜索模式。在这个模式中，敌人会沿着你被探测到的方向寻找你。一个处于搜索状态的敌人是否会离开他原先的巡逻区域取决于设计本身。

如果一个警戒的敌人在规定时间内没有进入更高状态，那么他会回到未警戒状态。

活跃

一个活跃的敌人（active enemy）已经发现你。

活跃状态可以通过四种方式达到：

- 视觉探测
- 听觉探测
- 收到警报
- 发现尸体

活跃的敌人可以进入以下一种或多种行为模式：

猎杀

追捕你的敌人（hunting enemy）找到了你的位置，并且正在向此处前进。这与搜索不同。在这个模式里，敌人找到了你所扮演的角色，并且在向其靠近。

攻击

敌人使用远程武器或者近距格斗向你发起攻击。当你在与多个敌人远程交火时，所有可以攻击的敌人都会攻击；而当你在与多个敌人近距搏斗中，攻击你的敌人每次不会超过两个人。

保护

敌人会护卫一个区域或者目标，不会追击你。保护状态中的敌人（protecting enemy）在他们的生命值降低之后可能会逃走，或者进入狂暴状态。

逃跑

敌人会逃跑。被削弱的敌人（weakened enemy）在生命值降到预设水平时会试图逃走。

非玩家角色会被逃走的动作触发。

警告

敌人会走向一个报警器，或者会使用他的无线电（如果他有的话）向他人警告你的存在。

非玩家角色也会被这样的动作触发。

警报会立刻将区域中的所有敌人提升至活跃状态。

狂暴

一个狂暴的敌人战斗到死。唯一阻止他的方法就是杀掉他。狂暴的敌人不会警告他人，他们会专心致志与你战斗。

昏迷

在徒手搏斗中被干掉的敌人会进入昏迷状态。昏迷的敌人（asleep enemy）不会有任何动作，也不会对外界有感知。一个昏迷的敌人可能会被其他的守卫用一个 30 秒的激活程序弄醒。昏迷的守卫也可能在一个预设的时间之后自己醒过来。

一个清醒的敌人（awakened guard）会重设至警觉状态，并且立即回到他们的巡逻区域。如果他们能够探测到你，则会进入活跃状态。

死亡

一个敌人在枪战中被杀，或者被特殊武器消灭就会处于死亡状态。死亡的敌人在后面的关卡进程中不会有任何动作。

一个死亡的敌人被发觉则会启动警报，触发其他敌人。死亡敌人的模型可以删除，但是他们生成的物品（武器、血包）应该留存。

🎮 在更广泛的游戏体验下考虑角色

从本质上，游戏就是在复杂的事件和情境中建立起一套基本规则。创造规则，在规则内游戏，建立起游戏的情境、结构和体验目标。规则确立了我们的期望，定义了输赢。

游戏与现实生活不同，我们需要为自己手中的角色创造一系列规则，这样我们才可以给角色分类，利用他们来支撑整体设计的各种要素。这意味着我们可以创造出一系列有不同侧面、人际关系丰富的引人入胜的角色。然而，我们必须认识到，所有的这些角色都是为整体的游戏体验服务的。如果我们所建立的角色没办法被简单划入某个类别，那么我们就必须看到这样做的结果将如何影响故事，以及更重要的整体游戏体验。

我们用来创建角色和组织的模板并非一成不变的。我们一直在更新和微调这些模板来适应特定的项目，你也应该这样使用，把它们看作跳板，帮助你拓展角色的跳板，你就会惊讶地发现你能够更深刻地理解自己的创作。如果你的角色变得如此丰富、复杂，他们让你迷惑、混乱，反过来向你说话，甚至有了自己的生命，那么这将是一件美妙的事情。

第 *6* 关

游戏概念、剧本步步通

🎮 发展游戏概念

游戏写作是一个过程，其中会产出诸多用于达到不同目的且"可交付"的成果。与其他形式的创作不同，你最后的成果不会浓缩成一个单独的集中文档，而是包含了一系列在开发过程中不同阶段写就的文档。通常情况下，你需要在同一时间里完成不相关的写作。比方说，你可能需要给游戏演示写一个"场景样例"，同时还要创作故事大纲。

你可以把它们想象成一个多线进程。对于编剧而言，大多数人都倾向于从宏观到微观（比方说从大纲到对白）的创作形式，然而在游戏中你可能会同时做这些工作。好消息是，游戏创作是一个极具迭代性的工作，你有很多机会来反复优化你的台词和其他内容。

钩子是什么？

钩子（hook）是一个很让编剧讨厌的词。任何在影视行业混了足够久的制片人都会问你："钩子在哪里？"当然，这个词并没有一个准确的定义，但是我们可以将其大致解释为"什么东西能够立马抓住观众"（这个词是从音乐产业里演变过来的，指的是一首歌里面的旋律或者歌词抓耳的部分，能够立刻引起你的注意）。

　　为了理解这个词，你可以想象成游戏盒背后的广告词，甚至是游戏盒背后的标语："乔伊·罗斯需要牺牲他自己的灵魂，踏入地狱之门，与路西法对决。"

行动练习（白银）——写出一个钩子

　　为你想要开发或者爱玩的游戏写出一句主广告语。

故事讲什么？

　　这点一般可以归结为某个故事的预设（有些人说这是"提案阐述"，但严格意义上说这个词并不正确）。它应该是一个总结故事的短文档（2 到 4 页）。你应该让这个预设尽可能短，因为人都很容易跑题，一个完整的预设可能会因为大量不相关的细节而跑偏。

角色有哪些？

　　这里包括你的主要角色、玩家角色、他的朋友和盟军、主要头目或终极头目（经常是你在最后一关遇到的头目）、关底头目（你在每一关最后要干掉的那些头目）以及这些头目的杂兵们。这些人在游戏中相当重要，因为玩家大部分游戏时间都会用在对付看上去杀不完的头目上。同样，你也应该考虑游戏中的"路人"。游戏中有非敌非友的人吗？他们是谁？

地方在哪里（设定在何处）？

　　游戏要有世界设定（worlds）。你将在游戏的世界中生生死死。《侠盗猎车手》是一个由罪犯、妓女、警察和市民构成的世界。这个世界的美术和环境反映了它的居民的状态。我们之前已讨论过一些游戏的世界设定了。这里的点在于你需要考虑在这上面预留较多的像素空间。

这个"大系列"长什么样子？"大系列"游戏则是你会遇到的另一个词。对于不同的人，不同的语境意味着不同的事情。最浅显的例子包括：是什么促使大家买完"大系列"第 1 部作品之后再回去买它后面的 4 部续作呢？游戏怎样能够改编成一部电影或者电视剧？我们能怎么再做出一个游戏来？怎么把这个游戏做成多人在线形式？

"大系列"是现在媒介产品的圣杯。你必须考虑这些问题：你是要理解并满足客户的需求，还是要打造自己的"大系列"游戏？这可能只是你的文档里的几段话，也可能是一个很大的问题。如果你做的是授权游戏，那你可能会被要求遵循"大系列"的设定文档。比方说，你如果是在做"詹姆斯·邦德"游戏，那么你可能会得到一个单子，上面列着你需要满足的需求（比方说他在剧本的某个时刻会说："邦德，詹姆斯·邦德。"）。

🎮 规模问题

理想情况下，你在交易谈成的时候就会知道这个项目的规模，但是这种理想情况极少。通常情况下项目的规模是未知的，而且游戏规模基本肯定会随着时间缩减（虽说有些时候你会因为弥补游戏规模的缩水而获得额外的工作量）。不论什么情况，你都需要尽可能知道你要完成什么样的工作，这些工作应该如何完成。一些情况下你会被要求从头开始。除此之外，关卡设计师会把大致的框架弄出来让你"理清头绪"。你在动手之前可以问以下几个问题：

- 游戏有多少关卡？
- 你们的预算能做多少分钟的过场动画（如果没人知道答案，不要惊讶)？
- 你们预计要用到多少配音预算？一个得到答案的秘密办法是去看他们是否用了专业配音演员。通常情况下，配音的预算决定了剧本长度。如果他们在自己的录音棚里用"自己人"配音，那么规模就没有任何限制。
- 叙事策略是什么（配音、过场、文本、静帧等)？这种情况下，你会想要尽量避免对口型和无聊的过场。
- 你的预算是多少？包括时间、资金、资源和美术。

- 游戏目标指示策略是什么？地图指示、引擎过场（in-game cinematics，简称 IGC，指游戏引擎内运行的动画）、预渲染，还是其他？我们怎么指示玩家下一步该干什么？如果是文本，谁来写文本？（这一步通常会与很多设计师直接合作。）
- 有什么衍生品可以开发？尽管这与游戏并不直接相关，但是想要大卖，联名周边、网站、书籍、图像小说、电影、电视剧很重要——这些我们都要附加去创作。

🎮 如何转化成成品交付

硬性的成品交付取决于成品确认、截止日期和付款这些因素。确认成品这件事的必要性在于你需要避免任何异想天开的返工。如果你在这上面含糊，那么之后它肯定会回来拖你的后腿。一旦对方确认，那么无论是在法律上还是专业上，返工就是他们的责任了。这会让你获得很大的好处。如果对方想要改点什么，让你从之前的部分开始，那么他就有责任补偿你的工作。在一个主观的世界里，有一个定义明确的标准是件很好的事情。请注意我们并不是说你不应该相信别人，事实恰恰相反。项目需要进度、再审和节点，你需要确保项目是有这些东西的。

你要注意任务描述的方式。整个团队需要将注意力集中在一个简单且印象深刻的一句或者一段对游戏内容的描述上，这非常重要。在项目之后的那些黑暗的时光里（总是会来的），你需要一个清晰的目标让自己可以聚焦。你需要所有人的决心，不光是法律上的，还有创意上的。你需要的不仅仅是决心，还有字面意义上的奉献。你需要团队里的每个人都遵循项目初心，团结一致——没有退缩，没有误解，没有消极对抗。

包含关键词的叙事策略文档

请在一份创意文档列出叙事策略，比方说会使用过场动画、配音、界面搜索等。这些关键点是在项目初期就要确定好的。

概述

这是故事的一个简短版本（一段或一页）。这就是你的地基。这个文档用来说明"我们大体上就要讲这样一个故事"。它为你提供了构建故事的基础，并且正式排除了其他的故事创意。

故事大纲

大纲比概述要长一些，可能 4 页纸就差不多了。它将带领读者了解故事从事件起源，到事件发展，直至最终解决的全过程。其中会简单地介绍主要的角色和团体；次要角色可能会被提及名字（可能只是顺带一提）。这个文档的目标是搞定主要的故事问题（或者至少确认哪些问题没有完全搞定）。

关卡跳板

关卡有基本的故事节拍（beats，即重要时刻）。关卡跳板包括关卡的一句话或者几句话总结，涵盖了初设、参与角色、开始、中段、结尾和报偿。

角色生平

主要包含主要角色的稍长的背景介绍和次要角色简短的背景介绍。如果你的世界设定是一个奇幻或者神话世界，你也可以考虑做一个世界背景介绍。

关卡模板

每一关都要做一个关卡模板。人们对先做关卡模板还是先做大纲一直有一些争议。关卡模板可以用作"创意捕捉网"。我们将这些创意分门别类，然后填上前因后果。另外一个人读到这些创意时就能够更好地将它们与总体概念结合起来。不论你是先完成这个模板然后再创作出细节大纲，还是先创作出大纲再填写模板，都只是设计师自己的选择（而你就是设计师）。

大纲

此处指的就是故事大纲。如果故事是线性发展的，就按照线性的顺序排列；

如果是非线性的故事，就按照非线性的方式写出大纲。

分解

场景或者配音分解。

剧本论述

我们有些时候会写所谓的剧本论述（scriptment）。它介于剧本和提案阐述之间。剧本论述一般是 20 页长，包括关键的对话剧情（对话可以是临时的，然而这仍然可以表达出文字描述所不能表达的内容）。

在形成具体剧本之前，剧本论述能用来创建一份有深度的故事档案。这是探索其中的细微之处及其如何能够在正式交付前整合、支持、影响和反映游戏设计得非常好的手段。

🎮 最开始的 5 分钟

有一次我们参加了一个游戏奖项评委会，然后需要在 3 周里给 30 个游戏打分。我们在这个过程中得出了一个重要的结论——再怎么吹捧游戏体验最开始的 5 分钟的重要性都不过分。评委们或者其他任何人都极少会在游戏通关后才对其有所评价。基本上，他们通常会用作弊码打完几个关卡。你没有足够的时间通关要打分的每个游戏。大家其实也不需要这么做。马尔科姆·格拉德威尔（Malcolm Gladwell）在他的书《眨眼之间》（Blink）里说，我们只要随便玩一个游戏几分钟，就能大概判断出好坏（他并没有专门针对游戏，但是基本原则是一致的）。

你的游戏的最开始 5 分钟应该是引人入胜的。游戏设计应该非常紧凑。玩家应该在最开始的 30 秒就能够操作且玩得愉快。背景故事可以之后再说或"打包丢掉"。游戏应该贴近生活，而你就活在当下。你会为未来忧虑，也会期待未来，有的时候你会回忆往昔，或者回去寻找关键点，但是你在现实中无法回到过去。考虑一下闪回。在现实生活中，有多少时候你突然回想过去，然后发现有些往事与现在或者未来是有深刻联系的？有，但是极少。游戏应该是一样的。在最开始的 5 分钟，玩家会非常自信。

他应该会这样感觉：

"这个游戏是为我做的。我不想要一开始就在一个空的忍者练功房里，然后听一个唐僧喋喋不休地告诉我怎么做。对我有点信心。我已经玩过很多游戏了。不要让我觉得恼火。要在游戏过程中引导我，不要一次性塞给我，让这个过程变得无痕。没人想要学习，我才不要去看说明书或者线上攻略……

"在最开始的 5 分钟，我应该像个明星。我应该面对挑战然后胜利。我应该在毫不费力的情况下渡过这个难关。我应该感觉自己就是这个英雄。我应该喜欢这个世界的样子。我应该对这个世界很好奇。我不需要知道所有事情，实际上，如果我不知道，那更好。然而我至少应该看到未知世界给我打开的窗户。"

行动练习（白银）——最开始的 5 分钟

找一个不熟悉的游戏，玩 5 分钟，然后放下。你想要继续玩下去吗？游戏是否抓住了你的想象力？在最初的 5 分钟结束的时候，你是已经获得了控制权，还是连开场动画都还没看完？尽量写下你的体会。

🎮 剧本

剧本有很多种：过场动画剧本、游戏内对白剧本、拟声剧本。定义如下：

- **过场动画剧本**。指一般的剧本文档。它看上去就像是按照场名和描述拆解过的电影剧本。
- **游戏内对白剧本**。通常情况下会做成一个 Excel 表格。请确保自己学好 Excel。
- **拟声剧本**。这个类型可能与游戏内剧本相关，也有可能不相关。其中包括类似于"啊，我受伤了""吃我一拳""你就这点水平吗？"等词组的无限组合，以及一些拳脚或者枪械音效。

游戏写作的独有困难

游戏写作有自己的一些困难，与其他任何娱乐媒介都不相同。最简单的例子就是你不知道自己面对的会是什么东西。在写一部电影剧本的时候，你知道这是一个线性的剧本。你的剧本会大概在 90 到 120 页之间 [①]。电影剧本会包括开场、中段和结尾。你一般对预算、市场、受众和需求链都有一个大致的概念。大多数情况下，一个剧本是一部电影的"敲门砖"——很少有电影会在没有完全敲定剧本的情况下进行制作。当然，这并不意味着在之后这个剧本就不会经历残酷的修改过程，但是从创意到开发，到剧本，再到制作的过程是一条相当明确的轨迹。

游戏自有方圆

游戏与电影不同，它很少会在有剧本后再进入制作环节。实际上，我们从来没听说过有人会这么干。游戏的"敲门砖"是设计文档（design document），而且这个文档在开发过程中通常还会被反复修改。除了游戏机制的所有这些细节，设计文档一般会包括一个故事。这个故事通常会被拆解成各个关卡，并包含一些类似"哈维·斯庞克（Harvey Spank）是一个退休的前 CIA 海豹突击队员，然后不得不在穆罕默德·良彦（Mohammed Akaida）逃出生天回来作恶之后重新出山"这样简单的人物小传。通常情况下这种故事都是一系列烂俗的任务。没人喜欢，但至少可以凑合交差，完成第一个"里程碑"。

现在，你的挑战来了。将哈维·斯庞克变成一个真正让玩家关心的角色。与主设计师合作，设计能让人投身其中的世界，创作出引人入胜的故事，将其与游戏核心机制和角色结合起来；与关卡设计师合作，创作出驱动任务中故事的攻防套路；为主角、非玩家角色、主要头目和杂兵们写出场景和对话。之后，创作出可能长达几千行的触发对话。之后，再在一个不断变化的环境下创作出所有这些东西。可能一周你需要交付 30 分钟的动画剧本，下一周 1 个小时，再下一周 15 分钟。

---

① 电影剧本的一般规格为 1 分钟 1 页。——译者注

游戏开发是易变的

以下这个简短的列表是一些你在游戏开发过程中可能会突遭的变动。

- 创意的自然成长和变化：这点对于所有媒介都是一样的。你接手这个项目后，项目会自然而然有所变化。有些时候你就是造成这些变化的原因。通常情况下，变化来自制作人或者主设计师。这些变化可能有一个不错且合理的理由，有些时候可能就是突发奇想。游戏开发就是这样反复无常。在电影剧组里，没人关心后勤人员怎么看这个剧本。游戏开发组就不一样了——你发现自己要和所有的部门领导开会，他们都会对剧本提出意见，这是一件稀松平常的事情。在游戏开发中，每个人都会提出想法，迟早会出现一个明确的创意源泉。
- 出现了另一个与你的游戏相似的游戏，或者别的团队注意到了你的游戏并开始模仿。
- 某个家伙，一般是市场部门的老大，来乱提需求（他们会突然跑过来要求做一些改动，但他们什么都不懂）。
- 授权方对游戏的某个部分有保留意见。
- 你提了一个点子，所有人都很喜欢，团队下决心要做进游戏，于是你就给自己找了很多活。

活生生的设计

在此，我们建议编剧将游戏的设计文档视作一份愿望单，而不是设计蓝图。这个文档反映了主设计师（事实上是整个团队）的最高期望和憧憬，但是现实从来没有那么美好。我们从未遇见过一个没有经历过巨大改动的项目。这种改动一般都是删减，而且从平稳的设计文档初稿开始到最后的赶工期（这个时候整个团队都在赶制发售版本）都会有改动产生。以下这些事情在开发游戏过程中都会发生（我们基于自己的经验做了一些宽泛但精确的总结）：

- 关卡会增会减（一般都是减）。
- 角色会被删除或者合并。

- 过场动画（叙事过场）总是会缩减。这是一种常态了。一切叙事驱动的项目都会从长而又长的动画叙事开始，然后最终缩水成大概 30 分钟的叙事主线，外加一些额外的游戏内过场和很多画外音。
- 工期会缩短。我们生活的这个世界里充斥着规定了发售日期（通常是要在电影上映时发售）的授权协议，开发商和发行商也会被开发过程之外的玩家的需求所淹没。对于原创的游戏来说，营销部门总是要在节假日发售这个游戏。
- 预算会缩减（一般都意味着发行商对这个项目丧失信心）。
- 遇到很大的技术困难（空战游戏里我们做不了飞行效果）。
- 突然有"上级"注意到了这个项目，发行商那边对这个项目的评级升高，他们认为这个游戏会大卖，于是所有的压力都堆在开发团队头上，他们要交付一个 3A 级别的作品来满足高层的新期望。
- 以上皆有。
- 所以在这样一个"唯一的不变就是变化"的环境下，如何构建出一个故事呢？

留有余地

当你在写一个电影剧本的时候，不会有制作人打电话跟你讲："你要删掉你的女主角。"他可能会打电话说你想找的哪个特定演员不能来，但是基本上不会有制作人说你需要删掉一个主要角色。然而，这种类似的情况在游戏行业里有很多。你总是会接到我们称之为"烂电话"的东西。你可能会接到不止一个让你把游戏中的某个要素删掉、某个关卡移除、某个角色去掉或者某种特性换掉的电话。因此，你必须创作出能够包容来自不同地方的"伤害"的故事。你必须事前就计划好，才能在接到这种烂电话之后修复损伤。我们将这称之为我们的"留有余地"（build it to break）游戏故事创作理论。其核心原则如下：

- 永远不要让整个故事都依赖于一个单独的要素，不管是角色、地点、道具、设定等。写出 3 个主要的设定，并且做好其中一个不会放到游戏里的准备。

- 创作出至少一个与叙事中的某个配角有着类似动机、技能以及背景故事的备份角色。如果这些配角被砍了，那么你的备份就能够填空。

- 写出至少一个"通用桥接设备"场景，能够让人轻松地从地点 A 到地点 B，也可以轻松地从地点 A 到地点 D（以防地点 B 和 C 被砍）。比方说，一项任务简报的场景发生在直升机飞往下一个目的地的过程中，而不是在直升机降落之后。

- 限制你的核心角色的主要行动。这会显著降低当某个角色或者某个关卡被砍之后所需要的修改。

- 你创作游戏故事的时候，提前计划好那些能够随意剪切粘贴到某些位置的叙事段落。通常情况下，开发团队在发生这种删减的情况下会来询问你如何解决这个问题。此时，你就可以向他们说明如何砍掉两个关卡但是不会明显影响游戏性（因为你之前就做了准备）。这样做不但可以保留你的内容的完整性，还会展现你的"英雄形象"。

- 创作出一份单独的画外音文档，它能够当作内心独白，或者也可以在叙事里通过一个主要角色的视角对游戏的主要故事来做一个介绍。如果其他一切办法都不奏效，那么一段写得很好的画外音台词可以拼凑出很多东西。

"没有足够的带宽，只能砍掉"基本上就是你能够获得的解释了。上面很多内容是对大公司的抱怨，但实际上大多数的发行商对于开发团队有着很大的宽容度。开发团队运作起来其实更接近民主制——有些时候会过了头。所有人都可以提出意见，有时看上去所有人的意见都需要认真对待。

行动练习（青铜）——创作一个替代方案

假设明天你发现你上学或者上班的正常路线上出现了一个黑洞，你必须避开这个黑洞，否则就会被困住。请计划出另一条路线。什么样的陷阱你必须避开？你的替代路线要多长时间？有捷径可走吗？尽可能写下来。

✦ 角色（玩家）需求和目标

我们制作游戏的过程跟生活一样，哪怕只是微小的一瞬间，我们都会同时遇到多个需求和目标。如果你从芝加哥开车到洛杉矶，那么你会同时需要以下的这些东西：

- 汽油
- 食物
- 新的音乐
- 在恶劣天气下用来规划备用线路的地图
- 你认识的在芝加哥的某个女生的电话
- 厕所
- 冰雪山路上要用的防滑链
- 用来解释为什么有些地方风景好看而有些地方丑陋的理由

好吧，可能你并不需要什么理由，你需要这些东西的紧急程度可能也会完全不一样，但是在你画掉这个"洛杉矶之行"的目标之前，你需要上面这些东西。其中有些东西你还需要用到多次。所有的这些都是你故事的一部分，但是并不是所有这些东西你都要特别关注。

比方说，你去加油站的经历就不会特别有意思，除非你在类似于《疯狂的麦克斯 2》（Mad Max2）那种所有加油站都堡垒化的世界里，需要打一仗才能获得汽油。旅行中上厕所也是一样无聊，除非厕所在故事里的设定就是去向平行世界的传送门（这种设定经常发生在乡下，当然你可以保留意见）。

史蒂文·约翰逊（Steven Johnson）在《极速传染：打造上瘾型产品的 4 种思维》（*Everything Bad Is Good For You: how today's popular culture is actually making us smarter*）一书里将这种事情称为"嵌套目标"，意思是目标中的目标，有一些比较重要，有一些则无关紧要（比方说你存下了很多弹药，于是你就不需要再去冒不必要的险获取更多的弹药了）。编剧在游戏里一般只关心大的目标——在这个案例中就是那个女生，以及你为什么那么需要她。（如果这是一个典型的汽车旅行游戏）这个理由是很重要的。

🎮 归纳故事和设计

　　除了要激发情绪，游戏也需要专业的打磨。直白地说，我们需要特定的技能来完成指定任务："请把下列内容拼凑起来——我们的主角正骑着一只大鸟飞向一个城堡，他被一群火焰秃鹫骑士围攻。然后，他潜水下去从一个死人手里掏出一把钥匙。最后，你要把上面那些元素和一个到处是陷阱的宝藏房间的场景联系在一起。"如果你在跟开发商和发行商沟通之后，凭借着你手头的东西还是没法搞定，那你就不应该干这行。

　　我们把这个办法称为"归纳式游戏制作"（inductive game making）。我们相信自己做的事情很酷，游戏就是你所做的所有这些很酷的事情的集合。这不是说你不需要做计划，但是它与更普遍的推导式游戏制作（deductive game making）是对立的。所谓推导式游戏制作，意味着你一开始做出一个有 20 关的大型开放世界游戏，最后砍成有四五关的线性游戏。你持续往下推进，在过于庞大、过于困难或者没有乐趣的地方停下，最后只剩游戏的精华部分。不管对方说得如何委婉，我们都要明白对方真正的意思。"我们还有 135% 的内容"的意思是说"不管怎么说，我们还得砍掉 35%"或者"我们在努力控制游戏的规模"。我们在自己的游戏被任意删减时总是会觉得恼火、失望，觉得自己在和最初的目的背道而驰。我们妥协一下，和对方这样解释："好吧，我们打算设计50% 的游戏，让另外 50% 在开发过程中发展出来。我们的创意计划本来就有灵活性。我们会抓住机会，把烂掉的部分砍掉。我们会持续进行测试，优化这个迭代过程。"如果你换成这种方法的话，游戏会变得更加有趣，更加符合创作者的期望，而不是简单地应付想要达成的类型的所有特质。然而，在这个"开锁"的过程中，所有的事情总得在某个时间节点固定下来。理想情况下，设计应该在最后时刻锁定内容（也被称为"冻结"——设计冻结、代码冻结、美术冻结），创新和抓住机会的大门永远不应该关闭。事实上，你越往后，就越能够理解什么样的办法是有趣独特的，什么东西能做，什么不能做。这就是我们对归纳式游戏制作的理解。

第 *7* 关

顶层设计文档

游戏总要有个开始，而这个开始一般都来自灵感爆发。然而一旦最初的创意成形，我们就应该向大家分享这个创意，也就是说创建出供开发团队讨论的文档。最常见的情况是，你要写出一个早期开发过程中被称为"顶层设计文档"（也被称为"概念文档"）的东西。这一章我们来介绍我们所应用的文档结构。

🎮 单页说明

单页说明（one-sheet）也被称为"执行概要"，是你的设计文档的开篇。你甚至会做出一个单独的单页说明或者执行概要文档。这么做的原因有很多。首先，它是一种向忙碌的决策者介绍你的游戏的快捷办法。第二，它也可以用来向任何感兴趣或者需要知道的人介绍你的游戏的基本情况。最重要的一点可能还是这个文档会强迫你思考你所创作出的游戏体验的核心是什么。

通常情况下，我们从手册开始写起。如果你能做到这点，并把你希望用在游戏里的所有点子都写下来，那你的设计变扎实的机会就很大。你会发现在这个过程中你的文档越长，细节越多，那你就越有可能出现"创意发散"（单页说明的长度在 1 到 5 页纸，算一算）。

所以，从单页说明开始写起。单页说明的要素如下：

名称

即游戏的名字。如果你还没想好名字，那么最好先打出书名号，想一个暂用名。你应该花一些工夫起名，因为游戏的名字就是开场的礼炮。这个名字应该朗朗上口，与主题、故事、角色和游戏类型都有联系。有了朗朗上口的名字是否就能把游戏卖出去呢？当然不够，但是在这里名字有两个很重要的作用——它可以让你的玩家记住这个名字（以及你的游戏创意），还能够吸引他们去读你的文档。

类型

比较常见的游戏类型有第一人称射击类、第三人称动作类、潜行类（stealth）、角色扮演类、模拟类（模拟驾驶、飞行等）、生存恐怖类、即时战略类、平台动作类〔也叫跳台子游戏（hoppy-jumpy）〕以及体育类。某些情况下你的游戏会包括多个类型的元素。这样的游戏被称为"混合类型"，所以你要列出你构思的玩法里所包括的类型元素。列出类型很重要，开发商就跟制片厂一样，也会寻找特定类型的游戏。

版本

一般情况下，我们会给自己的文档一个版本编号，而不是日期。为什么？任何带日期的东西都有保质期。如果你在1月提交了一个文档，发行商在5月份看到了，那么他们会觉得文档已经过期了。另外，这也暗示这个项目有很长一段时间没有人管过。所以简单地标上版本编号，你就可以对文档持续追踪，确认你拿到的是最新的版本，也避免了有人问你为什么这个项目这么久都没卖出去。记住，每个人都期待自己是第一个看到新想法的人，这个想法应该是"热气腾腾"的。不要在文档里放任何看上去很老土的东西。请注意，这点同样适用于文档里的任何眉批或者脚注。

主体创意

这里应该是指你游戏的内容（故事、角色、设定）和玩法总结。用一到两段的篇幅，描述你的游戏体验的核心。

类别

　　与类型相似，你要在这里列出与你的游戏类似的其他游戏。你可以这么写："X 游戏（即你的游戏）能给玩家带来独特的体验，结合了 Y 游戏的快节奏动作和 Z 游戏的开放世界设定。"

　　如果你有一个独特的游戏机制或者内容"卖点"，你就应该在这里列出来。

　　另外，你的游戏是单人的、多人的（本地联机、网络联机、单机或者网游）、合作的还是什么别的类型，也要写出来。如果这个游戏是单人的，你有"战役模式"（一系列的任务和关卡，可能带有一条随着玩家的进度前进的故事线）吗？如果有，你就应该简单描述一下，并且尽量与市场上的其他游戏做个比较。

　　最后请注意，永远不要用批评另一个游戏的方式来吹捧你自己的游戏。坚持进行优点的比较，而不是缺点的比较。选择市场上的成功游戏作为参照对象。显然，你应该不想说自己的游戏可以对标某个失败的游戏，然而我们经常见人这么干。

平台

　　列出你游戏的目标平台——PlayStation 3、Xbox 360、Nintendo DS、电脑等[①]。请注意，每当你列出一个你的游戏可能上线的平台时，都需要解释为什么让它在那个平台上线很重要。有些游戏更适合做跨平台游戏。如果你的游戏为了一个单独的平台认真优化过，请说明原因。

授权

　　如果游戏是授权游戏（电影、书籍、漫画等），描述授权内容。同样，如果游戏使用了授权（比方说一个品牌），列出名字。最后，如果这个游戏是一个原创 IP，简单解释为什么这个游戏能够成为一个 IP（奠定"大系列"的基础）。请

---

① 如今的平台应该为 PlayStation 4 和 5、Xbox One、Series S、Series X，Nintendo Switch，手机端，电脑端等。——译者注

记住你的玩家想要的不仅仅是一笔一次性买卖。考虑一下如何让你的游戏不仅仅只是游戏。

游戏机制

这是指游戏的核心机制和操作方式。举例而言，一个驾驶模拟游戏里，游戏机制就是开车。然而，这个机制可以扩展开来，然后涵盖一些独特的元素，比如撞车、车辆升级或者开车撞人。游戏机制描述了玩家如何与游戏体验交互，以及这个过程为什么是有趣和吸引人的。

技术

给你准备用在游戏里的技术做一个总结。如果你要使用中间件，列出应用的引擎和工具。如果引擎是专有的，列出关键特性。注意游戏工程团队必须在技术层面给出单独的文档，其中包含完整的细节〔通常称为"技术设计总结"（Technical Design Review），简称 TDR〕。你现在不需要担心这个部分，而是应该精确地描述你要使用的技术，以及为什么这会是开发游戏的最佳解决方案。

目标受众

你期望哪些人会玩这个游戏，为什么？你可以列出受众统计分析，然而描述特定类型的玩家会更有帮助。

关键特性（独特卖点）

在这里列出让游戏变得独特的关键元素。你可以将其想象成会列在游戏包装盒背面的那些卖点。这部分应该包含 4 到 6 个特性。如果你需要的话，可以之后在文档里加入更多，但在这里你需要直击痛点。

营销概括

在这里列出为什么这个游戏会在市场上比其他游戏卖得好的若干原因。同样，想出能让市场人员兴奋起来的卖点，因为在项目早期，他们比其他任何人都更能决定你的项目的可行性。如果市场人员认为他们不能把你的游戏卖出去，那么无论你的游戏有多么前无古人、后无来者，你在发行商那边有多受欢迎，你的主角有多酷，你都无法成功。

描述玩家如何操作游戏并且前进。这个游戏节奏快吗？这个游戏是否依赖那种需要玩家学一阵的连招？这个游戏有"技能等级"吗？这个游戏是否有多个游戏模式，比方说射击和驾驶？游戏里有小游戏吗？游戏里有道具系统吗？你能够让主角升级吗？

此处与主体创意相同，尽可能直白地描述核心机制。

行动练习（白银）——执行概要

写出你想做的游戏的执行概要。

顶层设计文档

现在我们进入文档的主要部分。在此之前的部分的长度应该控制在 3 到 5 页（最好尽量将之前的部分与文档的其余部分分开，让之前的内容可以独立于顶层文档的其余部分）。我们处理完单页说明之后就可以开始填充细节，为自己将要创作的游戏提供更多内容。

产品概述

再次介绍你的核心游戏概念，充实一下内容。如果游戏里有一个主角，现在就应该填上细节。

核心概念

描述游戏的主要元素。其中包含以下所有与你的游戏相关的部分，但是不要把所有细节都放进去（我们之后会填充）。你应该说明这些元素如何与整体的游戏体验结合起来。

- 角色（包含玩家角色）
- 世界设定
- 游戏玩法
- 战斗
- 徒手格斗
- 武器
- 移动方式
- 交互方式
- 载具
- 故事
- 现实或幻想世界（虚构）
- 操控方式

玩家角色

描述玩家角色的细节和他们在游戏中的旅程。请注意你如果有多个玩家可操控的角色，那么要在这里全部列出。你希望玩家和角色之间的关系是什么？你如何达成这一点？

游戏玩法的叙述性描述（"抓手"）

在这个部分，抽取游戏中的一个关键要素，用讲故事的方法描述出来。通常情况下，我们会把玩家控制的行动设置成不同的字体或者加粗，和玩家会看到的部分区分开来。我们要传达的是，游戏的交互—反馈机制（原因—结果），以及这个机制如何在屏幕上体现。

抓手也可以叫作"钩子"，意思是我们的目的就是钓起（或者抓住）你的受众（或者玩家）的想象力。你游戏中最关键、最酷炫的要素就应该能够做到这一点。思考如何使用抓手吸引观众，让他们有兴趣继续下去。

行动联系（白银）——创作一个抓手

给你的游戏创作一个抓手。

故事

这里你要提供游戏的故事节拍清单，解释故事如何与关键游戏玩法结合起来。详细叙述故事如何增强游戏体验，并与你在抓手中描述的场景衔接起来。

界面

界面就是玩家如何与游戏体验进行交互。描述界面的元素：玩家是否可以调整？界面是否直观易用？

障碍

列出玩家作为角色打通游戏需要越过的主要障碍。其中包括：

- 敌人（杂兵、炮灰、关中头目、关底头目以及最终头目等）
- 环境
- 剧本事件
- 谜题

交互

描述玩家如何与游戏交互然后向下推进：

- 非玩家角色（交流、控制等）
- 环境（探索、改变）
- 武器（战斗）
- 装备（工具）

关卡流程

带领玩家穿过一整个关卡，描述所有的关键行动和发生的交互。玩家会经历什么？游戏机制和故事是如何结合的？

行动练习（白银）——关卡流程

尽可能写下一个关卡流程。这可以是一个你想要做的游戏，或者你现在最喜欢的游戏。其中包括所需要的细节，但是尽量不要超过 3 页。

开篇过场（如果有的话）

描述引导玩家进入游戏第一部分或者初始画面的过场动画。

游戏菜单（前端）

描述游戏菜单的细节（开始界面、载入画面）：

- 选项——列出玩家可以调整的选项（宽屏、音效、自动存储等）。
- 载入和存储——描述游戏存储和载入的细节。

手柄设置

这指的是按钮映射（手柄的每个按钮对应的是游戏过程中的何种功能）。请注意这在游戏开发过程中经常会变，所以尽量达成你心中的最佳配置就行（所有人都知道配置会变，但是配置手柄可以让你知道你是否构思了太过复杂的操作——如果你没法配置手柄，你就肯定玩不了）。同样，如果玩家能够自定义控制，也在这里写出细节。

角色行动

列出你的可操作角色能做到的行动。

- **移动**。描述你如何控制移动。

- **与物体互动**。列出你如何与物体互动。
- **角色互动**。描述你如何与其他角色互动。
- **战斗描述**。尽可能精确地列出游戏中战斗的要素和行动。
- **徒手格斗**。如果你的游戏包含徒手格斗，列出玩家在徒手格斗中能够做出的动作。
- **武器**。描述可使用的主要武器。
- **其他你能操控的物品**。诸如在载具中战斗。如果这是你的主要玩法，那么应该首先列出。

探索

描述玩家如何在世界中移动：

- 线性关卡或者自由移动
- 在关卡中前进
- 在故事中前进
- 环境变化
- 使用、获取物品（道具）
- 触发点

界面

描述游戏的用户界面：

- 组件
- 道具系统
- 物品
- 武器

角色所受的直接影响

描述玩家如何使用、维持、收集或损失血条。同样，描述玩家能够增加哪些能力，并描述这些是如何起作用的：

- 血条
- 伤害
- 护甲
- 血条和护甲补充
- 角色死亡
- 增强

关卡

在这个部分，你要列出游戏里的关卡。其中包括玩家如何从一个关卡前往另一个关卡。通常情况下，关卡的数量是游戏规模（野心）的直接反映。根据你的预算和时间表，尽量实事求是地预估关卡规模：

- 每个关卡的描述
- 关键敌人及每一关的非玩家角色
- 故事元素

美术

如果可能的话，在这里贴出概念美术图，包括：

- 角色设计
- 关卡地图
- 武器（道具）概念图
- 世界概念图
- 纹理样例
- 界面样例
- 菜单样例
- 过场动画故事板

过场动画和故事梗概

其中包括游戏主要故事剧情的分解：

- 引擎实时渲染动画
- 可能的预渲染动画
- 游戏内的触发对话
- 与故事相关的触发事件

声音

描述游戏所需要的声音，越详细越好：

- 角色声音
- 敌人或非玩家角色声音
- 杜比数码 5.1 音乐
- 游戏过程中的播放音效
- 使用音乐和音效渲染气氛
- 授权作品与原创作品
- 配音环节和理想的演员表

开发概述

如果可以的话，你应该给开发游戏的过程写一个概述。这个概述包括：

- 预估的日程表
- 预算
- 工程需求和日程表
- 人员介绍和简历（核心团队成员）
- 风险问答（这些问题应该是决策者在阅读这份文档的时候最可能问起的）

本地化

这个过程是为在其他市场销售而优化游戏。描述本地化游戏的复杂程度。包括如下项目：

- 总览
- 语言

- 文本
- 语音（完全本地化）

总结

这是你宣传游戏的最后机会，描述为什么应该做这个游戏。

希望这一章能够让你了解如何构思和描述一个游戏，了解这个过程中的所有元素。下面，我们将更具体地讨论如何构筑一个游戏的草稿。

行动练习（黄金）——创作你自己的顶层文档

使用我们刚才所列出的结构，写出你自己的顶层设计文档。尽量填充细节。如果对其中某个地方不确定就留空。在这个过程中，你对这个游戏的愿景会受到支持或者被证明为不现实，思考这个过程是如何发生的。

第 *8* 关

品牌游戏的设计特质

🎮 将游戏作为品牌来思考

任何一个生产娱乐产品的人，只要他足够有野心，都会期待自己的创作能长久下去。当然不是所有人都能够创作出《星球大战》或者《光环》，品牌作品需要具备一些特定的元素和特质。在构思每个游戏的时候都将其视作品牌作品会对你大有裨益，因为发行商都是这么做的。你要在故事与游戏设计的重要细节交叉处（你可以决定要将其做得更自然还是更刻意）为自己的作品开发出更多品牌元素，这样才能让品牌发挥它真正的作用。想想你游戏中的独特创意，思考一下如何将其超脱于故事和玩法之上。举例而言，如果你的吸血鬼猎人开发出很酷的子弹，带有"心脏追踪器"和"圣水核心"，在游戏里明确告诉玩家就好。你的"Q 先生"（詹姆斯·邦德的武器专家）也能拥有一段不错的对话："你会爱上这些秘银子弹的——纯银打造，填有圣水。请在确定能击杀的时候再射击，因为这些子弹很贵。"

于是，这个独特的弹药就变成了一个品牌元素。你可以想象"这颗子弹"会如何轻松地穿梭在你的作品之间。其他的角色也可以创造出他们的自制弹药来与不同的生物或怪物，甚至是你战斗。作为玩家，你也可以利用、收集或者赢得一系列的材料来自己制作弹药，将一个有意思的想法变成一个核心的游戏机制。到这一步，再思考一下如何将其变成品牌：游戏里你可以根据自己的需要定制武器弹药，从爆炸弹到毒药，再到燃烧弹、魔法弹，当然你还要在精度、威力之间做出取舍。你还需要设计射手使用的有独特标识的弹药。简单的主意就变成了一个系列的基础。你的游戏就从一个单纯的射击游戏蜕变为拥有更多可能性的作品。这就是建构品牌特质的核心。你不会总有机会做一件全新的事情。与之相反，你要以独特的方式看待熟悉的事情。我们已经看过很多的刀剑格斗，但是说到"光剑格斗"，你能想到的只有一个品牌。

品牌特质的影响

通常情况下，发行商和开发商往往会被淹没在无数细节中，忙着推进项目，没有时间去考虑品牌的整体。这有一个经典案例。我们做过一个项目，其中有个角色是赏金猎人。我们都知道赏金猎人是什么人。他追捕罪犯，赢得赏金（或者宝藏）。这个人实际上是雇佣兵的一种。他并不为某种信念而做这份工作。当然，在这类故事中，雇佣兵获得某种信念是一种常见的角色转变——《星球大战》中的汉·索罗就是范例。在开始阶段，我们就把这个角色当成一个简单的赏金猎人。这对游戏设计有什么影响呢？

首先，最明显的影响就是玩家为了钱工作，这就意味着钱得在游戏里有意义。所以，故事里得有一个经济结构。他需要有个地方花钱。他也需要有个人给他付钱，更深远的影响在于他需要以一个有效率的方式工作——一个赏金猎人，就算他是一个变异外星人突击队出身的赏金猎人，归根结底还是一个商人。他想要用最有效率的方式完成任务。

休斯敦，我们有麻烦了

经济结构的问题在于它需要很好的美术、代码和设计来实现。你需要有东西可买，有一个市场来买卖，甚至还需要去讨债（这会引发有趣而且不能预料的任务，也会对应一个有趣且复杂的世界设定）。

但是假如开发团队没有想过这些怎么办？我们在实际开发过程中经常遇到这种情况。我们常常会得到这样的回答："我们没有足够的带宽加进去一个经济系统。"对于工程师来说,这算是一个足够好的答案。对于故事创作者来说,这似乎就从根本上打破了一个赏金猎人游戏的基本设定。此时,你就需要麻烦设计,让他们将这个设定当成游戏元素做进游戏里。

在不打破品牌的情况下找到办法

如果你找不到解决方案,你可以在品牌要素上做一点变通——他不是一个赏金猎人,而是一个被契约束缚,需要还债的雇佣兵。邪恶版本的他要干掉 40 个人才能从监狱里出来。如果他失败了,远程控制的炸弹之类的东西就会把他干掉。在这个情况下,开发者就不需要花费资源做出一个经济系统,但是这个品牌的设定就得变。

这样的解决方法多种多样,你总会想出来,但是你必须学会如何在发现问题时向上级反映这些问题。你们之间的对话的开场白可能是这样的:"你瞧,我觉得我们有一个亟待解决的问题。我觉得这个能解决,但是别把它看得太简单。"你摊开问题,提出解决方案,开始工作。

请记住,如果你从一开始就用品牌的眼光思考问题,那么团队愿景会统一,游戏操作和故事会融合得更好,工作中潜在的陷阱也会少得多。因为一旦品牌的调性固定下来,那么改变和修正的阻力就会与日俱增。如果你的游戏机制或者故事和你的品牌元素不符,那么你就有麻烦了。

行动练习(青铜)——品牌的核心元素

选一款你最喜欢的游戏,思考这个游戏中的系列核心要素是什么。比方说,《合金装备》在没有潜行的情况下成立吗?

🎮 品牌的元素

系列 IP 的背后基本上有一个核心创意,品牌就是在这个想法上诞生的。我们并没有什么秘籍或者公式,但是在这里,我们将提供如何写作品牌剧本的一个思路。我们认为需要考虑 4 个主要的要素（我们之前提过，这里我们再重复一次）。顺序如下：

- **主题**。你讲这个故事的原因是什么？在《星球大战》中，这个原因是儿子需要无愧于他从未谋面的父亲，寻求爱、肯定和尊重。这个主题比"力量的腐蚀"更加强烈。
- **角色**。品牌角色是仔细设定过的。玩家能够理解、共情和支持这样的主角。反派则是相反的情况。比方说，《终结者》（*The Terminator*）里的莎拉·康纳知道，她儿子是救世主，她就是圣母玛利亚。她肩负着世界的命运，所以我们能理解什么支撑着她继续前进。
- **调性**。作品的基调是什么？轻松的、黑暗的、现实的、幻想的、直白的还是喜剧的。作品的调性应该很容易确认。我们的朋友弗兰克·米勒的《罪恶之城》中说过："罪恶之城中充满了杀戮。"
- **世界观**。世界观将我们的故事放在一个更大的背景下审视，我们的角色就生活在其中。它还会影响世界的呈现和感觉。举个例子，《天空上尉与明日世界》（*Sky Captain and the World of Tomorrow*）就展现了一个 20 世纪 30 年代的复古未来风世界。

另一个为品牌写作需要考虑的问题就是：当事情脱轨了怎么办？我们在这里举几个例子：

- **《黑客帝国》（*The Matrix*）续作**。他们为真实的垃圾世界花了更多笔墨，而不是酷炫的、充满盲目迷信的伪现实世界，但这个伪现实世界才是所有人都喜欢的。这个世界里有枪，很多枪。人们可以穿墙而过，从一栋楼跳到另一栋楼，尼奥可以用"子弹时间"视物。这一切都很性感。但是他们却向我们展示了那个我们不感兴趣的世界，让我们花费了更多时间看那个世界。如果他们没有把那个世界放在电影海报里（尼奥穿着他那件破破烂烂的汗衫），为什么又把它作为电影的焦点？所有人都想看的那个故事（尼奥使用他觉醒的新能力取得了"现实"的控制权，唤醒了其他重要的人物与机器对抗）在电影里有所暗示，但是没有明确展现。

- 《星球大战》里的加-加·宾克斯。为什么大家那么恨他？因为他带来了系列作品之前并不存在的一种调性。营造漫画式的轻松感属于 R2-D2 和 C-3PO 的工作。所有人已经满意了。加-加·宾克斯的出现似乎表明创作者并没有严肃地对待这个作品。

- 詹姆斯·邦德在《007 之八爪女》（*Octopussy*）中。罗杰·摩尔（Roger Moore，就是 007 的演员本人）在片中穿着小丑服。邦德系列的古典风格调性元素就被一个烂笑话给毁了。

当你把这些东西放在一起协同作用的时候，角色、世界、调性以及主题就构成了你的神话。当这几样东西确定下来之后，你就能够思考如何能够最好地挖掘这个创意了。

行动练习（青铜）——给"大系列"挑刺

参考上面的这些例子，选择一个你最喜欢的游戏或者电影，挑出一个你觉得跟"大系列"设定不符的地方。请注意，这并不总是坏事；实际上，在有些时候这是让品牌保持活力的必要因素。

🎮 实践出真知

当我们打算将《碟中谍》（*Mission: Impossible*）系列改编成一个游戏的时候，算是上了关于品牌灵活性（或者说缺乏灵活性）的一课。我们当时面对的是这样的任务指示：

我们的任务（或者说我们选择接受的任务）是创作出一个面向大众市场、节奏紧凑的游戏。我们需要按时交付成品并充分利用《碟中谍》的版权（要用到主题曲）。我们知道，面对大众市场的游戏应该是容易上手、容易玩的。我们的目标是做一个很容易完成的游戏，不需要外部帮助（攻略、上网咨询或者操场讨论之类）。我们不在乎重玩和多周目，我们的目标就是给予玩家一个非常好的单机体验。我们需要的是有限的学习曲线和"玩中学"的策略。如果你愿意的话，也可以将其视为一个伪装得很好的训练关卡。在《碟中谍》（电影版，不是电视剧版）里，我们认为伊森·亨特（Ethan Hunt）是一个间谍，而固蛇则是突击队员。这是一个很重要的区别。亨特（大多数时间）会伪装，融入他所在的环境，所以他会频繁使用伪装，也会携带着伪装过的器材。同样，这也是为什么他的资源是有限的。亨特的战术是隐秘和交互。亨特不会带着很夸张的武器，除非他周围的人拿着很夸张的武器，或者任务搞砸了，他才会像突击队那样行动。在这种情况下，他会适时且聪明地获得一把很夸张的武器。

⚃ 面向受众创作

开发任何游戏你都必须考虑到你的目标玩家和目标买家。这两者不一定会是同一群人。

假设上面给你安排了一个任务，要你做一个游戏，叫作《压扁扁》（The Squishies），基于一个很流行的学龄前活动，名字叫——你能猜到——"压扁扁"。很明显这个游戏应该是一个评级为 E 的游戏，游戏的所有方面都应该针对这个市场人群设计，也就是学龄前儿童。但是这意味着什么？你的购买人群会是学龄前儿童的家长。所以说，你要做的这个游戏的买家是家长，玩家是小孩。因此，在设计和创作游戏的时候，你需要理解市场需要的是什么。

家长是不好对付的市场人群。一方面，他们需要的游戏，即便没有教育意义，至少也不应该有害。他们可能还希望这个游戏能够用来哄孩子。这就意味着游戏时间会是很多个小时。另一方面，最重要的是，他们想要自己的小孩喜欢这款游戏，因为他们想要知道自己花在娱乐上的钱花得值。然后，思考一下你的玩家。学龄前儿童想要在游戏里玩到什么？他们能不能操控他们最喜欢的角色？他们能否像在看电视一样唱歌跳舞？他们有没有能力理解游戏的核心机制？哪个平台最适合他们？

不知为何，这些看上去显而易见的事情在游戏的深入创作过程中会经常被人忽略。为什么会发生这种情况？因为满足我们自己的兴趣是人类的天性，开发团队总会开发出他们自己想要玩的游戏。游戏设计师们并不是学龄前小孩。所以，他们必须调整自己的兴趣，把自己想象成学龄前儿童，才能开发出他们会喜欢的游戏。如果你要为自己不是的那类人（比方说家长）工作，这就是你必须学会的技能。你需要为你自己的某一部分创作，而这个部分不一定是现在的你自己。

🎮 品牌和创作者

最负盛名的娱乐产品常常由一个单独的个体生产出来，他或她会通过自己的力量扩大受众、增加细节并实现愿景。我们来看看历史上最流行的娱乐产品。荷马创作了《奥德赛》。乔治·卢卡斯是《星球大战》的主创。伊恩·弗莱明（Ian Fleming）创造了詹姆斯·邦德。华特·迪士尼创造了米老鼠。鲍勃·凯恩（Bob Kane）给我们带来了蝙蝠侠。好吧，杰里·西格尔（Jerry Siegel）和乔·舒斯特（Joe Schuster）二人创造了超人。只有独一无二的奥普拉·温弗里（Oprah Winfrey），她创造了她自己。

乔治·卢卡斯并没有创作神话，众所周知，他对于约瑟夫·坎贝尔（Joseph Campbell）的"神话"研究十分推崇，并表示这启发了他完成基本的《星球大战》故事的写作。他并不是一个人实现了自己的愿景。他在剧本创作中受到了帮助，天才的演员也让他的角色得到了生命。特效巫师约翰·戴克斯特拉（John Dykstra）让飞船得以飞翔。所有参与的人都提供了至关重要甚至是必不可少的东西，但最终这些贡献集结起来，实现的是乔治·卢卡斯一个人的所思所想。

华特·迪士尼有没有资格在他自己的公司里当一名动画师仍是个有争议的问题〔他一开始仰赖的是伍培·埃沃克斯（Ub Iwerks）〕。不过这不重要，汽船威利号（Steamboat Willie，也就是米老鼠）会永远被视作迪士尼的创造。

鲍勃·凯恩的原初蝙蝠侠形象十分单薄，远不能与弗兰克·米勒的《黑暗骑士归来》（*The Dark Knight Returns*）相比。然而仅仅数页，他就创作了这个系列的所有关键要素。有一幅四格漫画描绘了年轻的布鲁斯使用显微镜、在双杠上运动的画面，而这个形象则牢牢扎根在后来的编剧脑海中，变成了这个系列的精华。

同样你也可以在詹姆斯·邦德里看到这些核心元素——他会开着一辆阿斯顿·马丁，和邦女郎调情，脱掉潜水衣，然后露出下面的一身礼服，在一场牌戏中羞辱恶棍。他会使用 Q 先生发明的小设备，又或者说出那两句经典台词"要摇，不要搅"和"邦德，詹姆斯·邦德"。这些都是这个系列的标志性元素，它们已经深深根植于我们的文化。这种流行性并不是在电子时代才发明的。再看看这些：贝克街 221B、弯管烟斗、猎鹿帽、格纹大衣、华生医生、煤气灯、马车、手账、放大镜。任何一个物件都可能会让你想起一个名字——夏洛克·福尔摩斯。我们可以争论到底是柯南·道尔爵士自己想出来的福尔摩斯，还是他的大学教授才是真的灵感来源，但是柯南·道尔的名字印在所有福尔摩斯的书上，这点无可争议。他并没有创造上面所说那些的任何一个标识符号，他也不是第一个写演绎法的人，但是他将这些东西组合起来，创造出的形象在 130 年后仍然在人们心中回响。

我们把这一点放到游戏的环境下。假如说将福尔摩斯的形象放在一个开发会上讨论。他可能会有一支玉米烟斗和一顶大礼帽，使用归纳法，骑着一匹叫辛巴达的阿拉伯战马，是一个鼓手而不是一个小提琴手。这些变化会让福尔摩斯变成一个烂角色吗？这取决于个人怎么想。然而也很难说他会变成一个更成功的角色，毕竟福尔摩斯几乎已经被移植到历史上出现过的每种语言和每种媒介中，其中包括不止一个电子游戏。詹姆斯·邦德在被改编成电影之后发生了很大变化，这毋庸置疑。邦德的成功很依赖于我们在电影里看到的那些小装备、特效和邦女郎们。然而邦德系列的核心仍然是伊恩·弗莱明。

这里的讨论重点不在于吹捧创作者，而是在于营造一个团队中每个人都能产生效益的环境。

并不是所有人都能成为创作者。如果游戏是一个授权游戏，创作者可能已经死了，会有一个"品牌保护团队"来监督游戏的创意过程。如果这是一个原创游戏，创作者会在团队之中，他需要理解团队实现的是他的想法。同时他也需要明白，这个想法需要一定程度的控制。太多的游戏之所以被毁掉，就是因为某个市场部的家伙冲进来，提出了一些不靠谱的想法。

第 *9* 关

创意过程详解

我们叫它创意过程而不是创意行为是有原因的。不管是哪种媒介，即便会有想象力、灵感和娱乐创意突然迸发的情况，但真正出现这种情况的概率也是微乎其微。相反，它是一个过程……你一开始会看到一个模糊不清的景象，然后你观察得愈多，愈加仔细，整个风暴就愈发成形，直到你发现自己身处风暴的中心。然后，当创意的闪电击中你时，它就不再是意外惊喜，而是意料之中的事情。

🎮 创意生成

作为编剧，我们两个有自己的风格和自己的创意过程。弗林特是一个长跑健将，坚持不懈，每天都写作。他的创意过程注重结构和规律。弗林特非常擅长多任务并行，能对若干项目给予富有成效和创造性的关注。约翰则是一个短跑选手，只有灵感来了才写作，一旦开始就猛打猛冲〔我们的朋友，《机械战警》（*Robocop*）和《星河战队》（*Starship Troopers*）的编剧埃得·诺麦尔（Ed Neumeier）有一次说这是"狂欢式写作法"，非常恰当〕。创意会酝酿几天，然后突然爆发。约翰比较喜欢每次将他的艺术能量只投入到一个项目里。我们的创作伙伴关系能够维持的一大原因就是我们的创意过程是对立但互补的。

我们两个人会各自奔向终点，但是最终一定会同时到达。这种创作节奏很适合我们。灵感需要培养才能闪现，我们写这一章的目的就是让你能够发现对你自己适用的创意过程。

每位编剧的创作过程都是独特的，这一点很重要。但是作为专业人士，我们的工作就是这样，无论我们怎么干，最终得到的结果就是剧本或者设计能够让人兴奋、娱乐大众。如果你决定成为自由编剧，那么你还有额外的负担：没人会给你发全勤或者按时到岗的奖金，在咖啡壶空了的时候帮你接满，帮你保持办公室整洁，在前台请病假的时候帮忙接电话，周五的时候带面包卷，修复打印机以及周末加班。你拿到钱的唯一标准就是按时交付成品。仅此而已。你的整个生涯取决于你做这件事的能力。如果做不到，你的职业生涯就会很短，而且不怎么舒心。

为了确保你能够保质保量地按时交付成品，你需要一个能够让你的创意顺畅地流动的地方。这意味着你需要运用某种方法来生发和探索创意。

人都会有创意，但是作为一位编剧，你的工作就是挖掘创意，然后以此为基础，根据你的项目来调整创意，最后将创意用一种清晰且感性的方式记录下来。写作是思想的有形表达。老话说得好，钱不嫌太多，人不嫌太瘦，一位编剧同样不会嫌自己有太多创意。

🎮 记录和挖掘创意

写日记

我们对写日记有不同的看法。约翰不写日记，弗林特则每天都会写日记。他的日记本中到处都是写作热身练习、不成熟的想法、昨天完成的工作清单和有趣时刻的记叙。这是一个内存缓慢增长了几十年之久的仓库。对于弗林特来说，每天写日记相当于写作的一个热身，就好比锻炼之前的拉伸。他将记日记的时间限制在 20 分钟以内。日记的真实价值在于可以安全地记下他对于项目和项目人员的看法。日记不光能组织创意，还能够形成创意。写日记有很多理由：

- 它让你能够做好当天写作的准备工作，做好热身。

- 它会为你创造一种"编剧自律"，给你每天一个强制任务。
- 你可以发泄情绪，这样你就不会把情绪带到项目和写作中。
- 你可以在这里记下你观察到的任何你觉得有用的事物。你可以在日记里记下关于角色、情景、对白或其他任何要素的想法，留待以后备用。

如果你在日记本里胡写出了什么好的点子，可以把它摘出来，放进一个单独的文档里，约翰叫它"点子金矿"。

行动练习（白银）——写日记

找一个日记本，开始写日记，维持一个星期，每天 20 分钟。请记住这个本子只有你自己才能看见，所以不需要费心打磨它。错别字、没头没尾的句子、思维导图，任何有趣的"脑洞"都可以记下来。每一天写至少 3 件事：你感觉如何，你今天想要创作什么东西，你看到的有艺术价值的事情，你关于玩法或者故事的一个想法，多粗糙都无所谓。你写什么都行，就是记得限制在 20 分钟内，不要再多了，让你自己有时间上的紧迫感。这 20 分钟过了之后，问你自己："我还有想要写的东西吗？我想要增添什么？有什么细节是我想要填充的？我是不是在想明天要写什么？"如果这几个问题有一个的回答是"是"，那么就证明写日记的习惯激发了你的创造力。请考虑坚持下去。

点子金矿

约翰不写日记，但是他给自己的文档取名为"点子金矿"。他用这个文档来存下任何有趣、有价值的想法或者观察。他把这个文档放在电脑上一个单独的文件夹里，然后不停地往这个文档里添加东西。举例来说，他可能想到了一个动作场景，但是不知道如何把它和故事联系起来。没关系……这个点子会被他放在点子金矿里。或者他在超市里听到了他前面的人独特的说话方式——可能是口音，可能是他注意到的一个句子的转折，也会被记在点子金矿里。

一段时间之后，作品大体上成形了，尽管它不太连续，没有重点，相当于粗糙的金沙。当机会来临，这些金矿就可以被"挖掘"出来，填充我们项目中的空隙。我们剧本中的很多角色就是这样来的。

你自己的点子金矿可以这样建立：

- 你之后可以使用的常备人物、场景、地点和对白。
- 在点子才冒出来，你还记着的时候就写下来，而不要因为它与你现在的项目无关就丢掉。
- 磨炼你的观察技巧。
- 回忆可能之后对你的创作有用的某个特殊事件。
- 留有一个创意沙盒。这里没有确定场景、角色、对话或概念的压力，你可以自由地进行试验，或者是在同一个材料上进行多次尝试。当然，即使失败了也没问题。你可以在同样的材料上实验多次，不用害怕失败。

行动练习（青铜）——写下 5 段人物研究

做个练习。去附近的咖啡馆、书店或者快餐店，留心观察 5 个人。注意他们的行动，听他们如何说话……观察他们的衣着、举止，他们如何与周围互动。不要让你的目标注意到你在观察他们，或者如果你觉得自己会被发现，那就穿一件大衣，多咳嗽。然后，趁你还没忘记细节，赶紧写下来。创作每个篇幅只有几段的人物研究（character study）。尽量填充细节，没有的话就创造细节，想象他们的背景故事。最后，给他们一个出现在那里的原因。你的点子金矿现在就有了 5 个角色，你可以在下一个故事里用。每周做一到两次，很快你就有了自己独有的人物群，可以在写小说的时候使用。

最后要注意：不要整理你的点子金矿。它有用的原因之一就是这种混乱以及点子之间的互相碰撞。古怪点子的交叉之处经常会有创意出现，井井有条则会毁灭这些。

记下来或者忘掉

这里的问题在于，无论是像弗林特那样有规律、有系统地写日记也好，还是像约翰那样形式和灵感迸发的自由的方式也好，作为一名编剧，你必须是一名仔细观察周遭情况的观察者，同时也要当一名随时记下内心感受的速记员。当你想到或者看到任何"有故事价值"的东西的时候，就必须第一时间识别并记录下来。最差的情况莫过于你有了一个很棒的想法，或者做了很有价值的观察，但是你没记下来，结果忘记了。

记游戏日志

如果你打算在这一行长期干下去，你从最开始玩游戏的时候就要记日志。写出你喜欢的点和你不喜欢的点。你每开始一个项目的时候都可以拿来参考。你要在开始尝试的第一时间就记录下来，然后再回过头分析。比方说，"我没法打败鬼祟布洛赫，这关实在是让我头大"这种话写下来的时候可能很傻，但是之后真的很能给予你启发。你没法干掉鬼祟布洛赫，所以你摔手柄不玩了，或者他最终死得很难看，而你有了很棒的人生体验？游戏吸引你的是怎样的时刻？你可能需要之后回来分析。或者，反过来说，你放弃一个游戏是为什么？你是因为哪一点想把游戏从机器里退出来，再也不玩了？

这本书里的很多内容都来自我们的游戏日志：我们对于版本的评论、笔记以及设计文档。所以从现在开始记日志。如果你不喜欢手写或者用键盘匆忙写下来，可以找一个录音笔，录下想法，之后再记下来。时刻注意你的灵感，把自己下意识的感觉有意识地记下来。过不了多久你就会觉得自己上道了。

🎮 创意启动

项目启动是最重要的。诸多可能性会在这个时间点深刻地影响整个项目。你必须重视这些可能性，与项目关联的事情可能会带来各种各样的困扰。如果大家一直提到某些游戏或者电影，那么整个组一起来研究一下相关的素材将大有裨益。通常情况下，花费数小时（或者数天）研究你的竞品是非常重要的。

你应该知道他们把什么事情做对了，以及你能够怎样在这个基础上改进。如果你不打算改进，那么你就应该问问自己为什么要做这个游戏。

好的团队建设可以让所有人都理解形势，这里有一个很好的途径：你们坐在一起，分享共同的经验，每个人都讲出他觉得可以参考或者影响了他的材料，说出他对项目的展望。当每个人都为项目构思出一个愿景后，概念也在反复修改的过程中成形了。如果创意没有在整个团队里分享，那么就没有价值。实际上，项目真正开始之后经常会有大量的创意碰撞，文字的描述变成美术（反之亦然），两者都将影响设计，最后影响代码。或者，设计也会影响游戏故事，代码也会改变角色的纹理或者动画，诸如此类。团队会真的开始像一部润滑顺畅的机器那样运转。

行动练习（青铜）——讨论如何改动

选择一个你真心喜欢的游戏，找出一个你认为会让游戏变得更好的改动。然后假装是开发组的成员，写下一篇极具说服力的提案，讨论为什么这个改动应该被引入游戏。

在白板或者纸上设计的阶段尽可能保持开放和包容的另一个重要原因，就是这么做能确保设计和故事中的所有基础创意和假设能传达给团队里的所有人。你会听到很多不同的观点，有一些会有细微的不同，有一些是统一的，还有一些对游戏的目标表示反对。作为一个创作者，你的工作就是收集这些多样性的意见，将其总结成能让项目运行起来的内容。这是不是说你必须把每一个想法都交给一个委员会来处理？当然不是。一些情况下，最为强有力、最吸引人的内容来自一个单独创作者的灵感和愿景。然而，就算你之后决定拒绝大部分的意见，在早期对所有创意保持开放只会让项目更加强大。

事后诸葛亮式的好主意

这种做法也会让你规避掉游戏开发中会遇到的最悲剧的事情之一：好主意出现了，但是晚了三个月。我们遇到过太多次这样的情况，可能就是在青铜版本开发完 6 周后，游戏开发过程就会陷入一片混乱，里程碑和预算把团队逼得团团转，然后某人说了一件很可怕的事情……类似于："如果我们给主角加一个喷气背包，游戏机制就会变得更加紧凑，这些问题不就不存在了吗？"

这些话的可怕之处在于它是对的。这个答案会让你的游戏成为杰作，像你希望的那样厉害，然而你才听到它。由于时间表和预算的问题，你完全做不了任何事。最好的办法来避免这种"事后诸葛亮式的好主意"就是在一开始就尽可能地吸收意见。这也将我们引向了时间问题。

时间

时间是很重要的因素。有些时候，你想要让自己的创意酝酿一段时间，在成熟之后再传达给团队。还有的时候，灵感爆发那一刻的兴奋感和即时感是有感染力的，就像野火一样在制作过程中迅速传播开来。你作为创意人的工作的一部分就是知道何时以及如何取用一种能让所有人都觉得最兴奋，而不是最焦虑的方式来传达你的创意。不要为了避免小麻烦而偏离自己的计划，绝大多数伟大的游戏在开发过程中都会带来程度适中的焦虑感。这会让你离开自己的舒适区，而真正的魔法往往在这里才会开始（我们在这章后面会讨论创意焦虑）。

但是这里不会带来真正的基本原则，情况依时间和团队而变。然而，我们相信你在早期越能充分发掘自己的创意，将其与团队分享并一同讨论，你的项目就会越好。

🎮 试金石

项目可以从日志、点子金矿、突然的灵感、其他的游戏或者媒介（电影、书籍、音乐、漫画、动画等）得到启发，或者也可以从电脑屏幕开始。不管这个项目有多小，它都有一个起点。

我们和安德烈·阿默森（Andre Emerson）刚开始做《脱狱潜龙》（*Dead to Rights*）的时候，只有个模糊的概念，我们大概知道自己想做一个黑色电影画风的故事驱动型游戏，设定在一个超现实主义的港式电影环境下。安德烈一开始根本不知道"黑色"（noir）是什么意思，但是项目开始的两个月之后，他已经可以写一篇关于黑色电影的博士论文了。尽管游戏和故事的开发有各种曲折，但是我们可以说最后的结果确实是黑色电影与香港的结合体。

如下的这些"起点"是我们所遇到的一些试金石，有一些则是我们创作出来激发灵感的工具。

战略室

战略至关重要。我们第一次见识战略室是与艺电（Electronic Arts）的"Edge 组"做的一个叫《苏维埃攻击》（Soviet Strike）的项目。在项目最初的几个月里，团队尽可能地收集了每一份文档，力求让项目感觉真实。迈克·贝克尔（Mike Becker）作为项目的创意监督，为上百个用在游戏中的军事装备模型进行建模。我们把美术作品挂在墙上——一开始是激发灵感的那些图，然后一点点地被替换成游戏中会使用到的美术图。我们还有一个小小的沙盘，用来规划每个关卡。最终，我们开始把每个关卡的巨型地图也挂在墙上。

之前被遗忘的一个小会议室变成了整个项目的创意神经枢纽。你走进去，就进入了"攻击世界"。所谓"奥兹国项目"慢慢地显得重要起来。制作人罗德·斯万森（Rod Swansen）引入了高科技界面设计。随即我们感觉自己真的在一个战略室里。你可以在这个房间里感觉到游戏。市场部也是这么感觉的，因此游戏得以大卖。一开始这个游戏仅仅是个边缘项目，之后变成了集团的主要项目。只要去那个房间一趟，所有人就都"有感觉了"。即便他们没感觉到，看到其他人都感觉到了，他们也会想要跟进这个项目。

模拟海报

制作《恐惧效应》（Fear Effect）的时候我们的情况则完全不同。这个游戏的开发过程中，好几位非常有天赋的成员都有各自极具创意的观点。斯坦·刘（Stan Lui）是这个游戏的发行商克诺斯数字娱乐公司（Kronos Digital Entertainment）的老板兼艺术指导，他多年以来一直想要做一个基于中国神话的道德故事。包括约翰·帕克（John Pak）和帕金·里普塔瓦特（Pakin

Liptawat）在内的很有水平的几位美术指导创作了人物和环境的美术图，但这些图体现的只是他们个人的审美，没法与发行商的想法对接。所以我们决定给这个游戏制作一个模拟海报，海报的正中间印着我们的女主角哈娜，身后是她的助手德科和格拉斯。我们抓住机会，使用了一开始发行商拒绝的人设，因为我们觉得这个人设最有力，也最贴近我们对游戏的想法。

将约翰塑造的角色放在帕金设定的背景上，再加上符合我们想要的那种坚韧不拔的动画感的独特标题字体，这个小花招成功了。我们看到终版海报从打印机里打出来的时候是很激动的；所有人突然间参透了我们此前一直在摸索并试图沟通的想法，就连之前拒绝了海报上面所有元素的发行商代表们看到它们组合在一起时都想拿一张回办公室；从那一刻起，游戏视觉部分的意见大体上统一了。这张海报图成为整个开发过程中的一个主要因素。实际上，《恐惧效应》最后发行的时候，封面图实际上就是这张海报的变体，我们甚至用了同样的标题字体。

模拟包装介绍

如果你觉得你缺少了什么（原创性或者活力）——可能你觉得游戏会变得单调，或者还没有找到它的声音——可以试试像是写包装上的广告语这种简单的工作（包装盒后面可能会有 3 段用来吸引消费者的推销文字，即卖点文本），来看看你是否能够产生创意的火花。

写包装介绍的时候，考虑以下问题：

- 核心游戏玩法和特性（内部会称之为"独特卖点"）。
- 抓手（或者钩子）——这个项目的一句话总结，抓住潜在玩家的想象，让他们下单购买。
- 主角、生物、载具、武器、能力、世界等
- 故事
- 体验深度

正如之前所讨论的，你可以使用临时的美术资源，无论是自己做的，还是

从网上找的能够表达出你的想法的图。你只是简单地在自己将要销售的东西上进行第一次尝试。之后，你可以在此基础上判断有的想法或修改能否嵌入这个框架（按照传统的商业术语，也称为"任务陈述"）。

> ### 行动练习（青铜）——写出你自己的包装介绍
>
> 　　使用上面所列出的要素为你的原创游戏写一个包装介绍，或者给你玩过的游戏写一个备用版包装广告。记得要像市场部那样思考。问问你自己："他们会强调什么样的元素？"要保持广告语的简明扼要（能在包装盒背面放得下）。

先写游戏说明书

　　我们使用的另一个方法类似于写包装介绍这个技巧，但是相对更加深入一些，那就是给游戏写一份模拟说明书。此处，我们指的是严格按照游戏手册的格式写一个样品，其中包括游戏玩法、操作和故事中尽可能多的细节（由于一些电脑游戏可能有几百页的说明书，在这里我们遵循主机游戏说明书的格式）。因为这是一个说明书，所以文本必须简明扼要，直指核心。它会逼着你将想法里大量的噪声清除掉，让你能够抵达内容的核心。选择一个你喜欢的同类型的游戏，或者与你要创作的游戏可以对标的游戏，使用它的说明书作为模板来创作你的游戏说明书。你在写的时候要确定自己的受众是谁，并保证他们对你的项目一无所知，在玩游戏之前没有任何之前可用的经验。你面对的挑战就是向他解释这个游戏如何玩，他为什么要拿起手柄选择这个游戏并沉迷其中。你应该这样想：如果你没法在这个手册的有限结构内向你的读者解释你的核心游戏机制，或者你的剧情，那么你应该重新审视自己的设计或者故事。写出说明书是一次很好的练习，能让你明白你想要创造的游戏体验的核心。

⁂ 收集记录总类

作为一位编剧，你需要一个办法来收集你的想法：你自己的战略室……或者你自己的单页说明。

我们在每个项目中都会使用我们称为"大师收集笔记"的文档，其中包含所有还没有做进项目的材料，也有永远都不会做进项目的材料。它在很多方面就相当于一个弗林特的日志或者约翰的点子金矿的精简版本。不过，在这种情况下，这个文档是单独应用在一个项目上的。我们建议你创建一个这样的文档，并且日常参考，时时更新，定期维护，增加内容，它或许能够让你心思澄澈。

如果你觉得其他游戏、图像小说、书籍或者电影可以作为自己作品的灵感来源，那就将它们收集起来，集中放置。确保所有人都能够看到，或者至少看到与游戏相关的部分。把相关的参考刻盘储存——就算是其他人创作的视频都比文字更有价值。

当你使用了一个自己收录在大师收集笔记中的创意，就把它标识为高亮，批注好你为什么用。这会让你对自己的作品有一个系统的评价，对自己的想法展开自我批评。你会发现自己常常应用的主意会形成一个规律，在这个规律里，你会发现你的游戏和故事，甚至是你的创造力的核心优势。

当一个想法不再合适或者因为某些事变得没有意义了，就把它从收集记录中删掉，但不要扔了它。将它放回到你的日志或者点子金矿里，你之后用得到。

⁂ 不要在舒芙蕾里打太多鸡蛋

游戏概念和剧本（当然还有图书）一样，总是需要修改的。我们在职业生涯中发现游戏可能会被点子太多所束缚，也有可能被点子太少所束缚。不要理解错了，点子太多是一种"太富有"的尴尬，但问题不在这里。试图把所有的点子都塞进一个项目，那就是灾难预兆了。

"不要在舒芙蕾里打太多鸡蛋"是你会在娱乐业里听到的一个说法（一个加了太多鸡蛋的舒芙蕾是发不起来的，所以，按照定义，它就不是舒芙蕾了）。还有一种说法是给百合花镀金。这两种说法都是在告诉你：过犹不及，要找到正确的平衡点，不要把你最棒的点子淹没在其他点子堆里，要只关注创意中真正重要的部分。点子的数量不是硬性规定，但是你需要识别什么应该投入，什么应该扔回你的日志和点子金矿供之后的项目使用。

总的来说，量少但完善的概念要比量大却欠缺细节的概念要强。一个能够钩住观众想象力的强有力的卖点比一大堆优势列表要强。

酝酿和展示创意的策略

点子一般不会完全成形。通常情况下，它们都是一些碎片、直觉或者是模糊的想法，需要结构和意义。如果你在采用点子的时候还没有完全想清楚，这很正常。如果你可以将点子最后精简为一个视觉形象，或者一段宣传语——总之就是一些很简单的东西——那么你可以更轻松地展示它，点子会更容易让人接受，当然也更容易让人拒绝。不过，重点是将点子从你的脑子里掏出来，让其在纸上成形，然后再加以利用。

坏主意

我们在这本书的开头提到过，我们展示概念所使用的方法之一便是我们称为"坏主意"的技巧。这并不是一种对任何人的创意过程的评价，对我来说，这是一种艺术。

在开会的时候，我们表面上说"好吧，这个坏主意是这样……"，实际上想说的是"我想要给你看一些东西，我觉得很好，但是我不希望这个点子因为没有完全想清楚就被直接拒绝"。我们用这个办法来掩盖弱点，放飞想象力，并且希望大家能接受这个想法。我们希望能够柔和地将一些东西放到桌面上来讨论。我们之所以叫它"坏主意"，是因为我们在这个过程中能够放下我们的自大。如果这个想法直接被否决了，也没事，这本来就是个"坏主意"，你还想怎么样呢？但是如果它确实能够激发创造力，那么所有人会很快忘记它是个"坏主意"，并开始投入其中，然后将其化为己用。"坏主意"经常能成为通向某些最精彩的创意突破的跳板，你可以把它视为想象力破冰器。"坏主意"在这个过程中非常宝贵，所以你应该经常这么说，并且尝试鼓励其他人都这么做。

给你的人物找演员

找到一个原型，你就可以很轻松地描述出人物。比方说，你可能说你的英雄就像演员杰克·布莱克（Jack Black）或者《虎胆龙威》里的约翰·麦克莱恩〔John McClane，布鲁斯·威利斯（Bruce Willis）饰〕。在第一个例子里，你要利用这个演员在一系列作品中的角色重建出他完整的性格。在第二个例子里，你要从一个特定的娱乐作品中利用一个特定演员所饰演的特定角色中提炼出人物。不过，两个办法都能够让人立即建立起人物形象。

将你的人物与知名演员或者虚构角色相比较能够让人很快就理解你的概念。简单来说，在以上两个例子里，我们立刻能理解我们的人物会用一种戏谑的态度面对危急时刻，能够在压倒性的困难中灵机一动。其中一个更擅长用嘴巴解决困难（杰克·布莱克）；而另一个则靠拳头（约翰·麦克莱恩）。

在写作的过程中思考一下这个问题："谁来演这些角色？"如果你想到了一些演员，或者来自其他游戏、电影、电视剧或者书籍中的人物，那你的感觉就对头了，接下来就列出一个演员表吧。写作时，想象这个演员或者人物对你说出他的对白。就算你从不给任何人看你的演员表，你也会发现自己的角色会变得更加鲜活、更加真实，因为在你的脑海里，他们是完整的。

行动练习（黄金）——使用你梦想中的演员表写下一个样例场景

你有没有最喜欢的演员、音乐家、政治家、名人或者虚拟人物想放进自己的材料？那么就让他们来演出你的故事。写出这样一个场景：两兄弟（或兄妹，或姐弟，或姐妹）在为了晚饭吃什么而争论。让你的演员表中的演员来演出这个场景。他们的对白、举止和动作是什么样子的？然后，换两个角色，重写一遍。你要注意其中的变化，以及人物性格如何影响对白、动作和动机。如果你愿意冒险，就让信得过的人读一读你的场景，问问他们能不能看得出谁是谁以及为什么。他们的答案可能会给你带来惊喜。

🎮 确定你创意的调性

你在最初展示自己的游戏或故事的创意的时候，最需要强调的一般是调性。项目的调性应该在你深入开发自己的创意之前就确定下来，它将会成为这个项目的基础，会决定之后的发展。

如果你在做一个品牌游戏，那么你会发现自己需要在不同版本之间选择一个阐释的方式。比方说，如果你做一个邦德游戏，那么你是做肖恩·康纳利式的邦德，还是罗杰·摩尔式的邦德，或者是皮尔斯·布鲁斯南（Pierce Brosnan）式的邦德？每个邦德都有他独特的调性。

在完成项目的时候，你或许会觉得这个游戏应该有一个像《黑客帝国》一样的开场——这个世界的虚幻建立在真实之上，神秘且奇幻，它遵循自己的逻辑而行，我们的世界却不是。再强调一遍：如果你的内容很有野心，那么调性合适非常关键。

我们之前在讨论《脱狱潜龙》时，说这是一个黑色电影（调性）与香港实境（调性）结合的游戏。所以这一句话里，你已经明白了这个项目的整体创意方向：

- 这个世界会是黑暗、压抑的（黑色电影）
- 主角会用配音的方式与我们对话（黑色电影）
- 绝大部分的游戏或故事会发生在晚上（黑色电影）
- 动作戏会有点夸张（香港实景）
- 暴力场面会是一场精心编排的血腥歌剧（香港实景）
- 重力和物理会是超现实的（香港实景）
- 强调黑色电影和香港实景让我们把握了这个项目的整体调性，这个调性贯穿了整个开发过程，影响了设计、美术和代码

　　在给项目定调性时不要过于宽泛。比方说不管这件事情看起来有多么荒诞，你的人物总是很严肃地对待他们所面临的情况，所以你告诉某人你的游戏发生在真实世界。这意味着人物会说真实世界会出现的那种对白，但是对于某些人来说，他们还不理解你要传达的东西，这时真实世界会是一个很危险的概念。

　　游戏本质上就是极端不真实的，所以不要说真实世界，而是注意一个真实世界的调性是如何展现的。比方说你可以解释事情都是实时的，或者说这个世界是以 5 个实际存在的街区为原型来精确建模的，或者说如果有人中枪，那么他就会有生命危险。如果你的主角是军人，那你就要解释人物会使用真实的武器装备，进入实际的战场，讲真正的军队黑话，而不是让一群懒鬼突兀地出现在一个特种部队。

　　我们一直对自己说，我们所处的并不是游戏行业，而是娱乐行业。电子游戏是我们主要的作品，但此处用电影来举例是为了让你更快明白如何清晰地传达你项目的调性。

行动练习（白银）—— 写一份调性分解文档

　　在一页纸以内，分析你最喜欢的一个游戏、电影或书籍的调性。思考调性如何影响你对这个作品的看法。调性是否影响了你对这个作品的情感联系？问问你自己，如果调性变化但是内容保持基本一致，会怎么样？比方说，如果《星球大战》是一个严肃黑暗的悲剧，而不是一个带悲剧元素的动作冒险片，那么这种调性在人物的历险、银幕上的暴力场景和科幻宇宙中会怎么展现出来？描述调性上的微调如何深刻地影响你正在研究的作品。

🎮 重新开始并保持专注

　　作为编剧，创意就是你的财富。能够有效且丰富地用文字传达你的想法就是一切。

很显然，游戏创作的技艺也有一些地方与其他媒介不同。其中你会经常遇到的一件事就是游戏创作的"停止—启动"特性：你会在一个项目上加班加点工作一段时间，然后你就会有很长一段时间无所事事。

游戏项目通常会酝酿大概18个月到两年的时间，而开发过程会短一些。对于保持你的愿景和热情来说，那会是很长一段时间，尤其是它们在这段时间里还会经常变化。此外，如果你像我们一样工作，就会同时做很多不同的事情。

重新为一个项目工作时需要关注两件事。第一是搞清楚上次你为这个项目干活之后到底有哪些东西发生变化了。关卡是不是被砍掉了？某些设定是不是被砍掉了？游戏的焦点有没有变化？第二件事是重新进入这个项目的思维空间。

🎮 重新跟上进度

这么多年来我们发现，除了设计师和编剧以外，其他人都不知道项目里的一个变动会增加多少工作。大家都公认制作人在预测工作量这种事情上烂得一塌糊涂。他们可能只要求一小点改动，但是结果可能就是你这边多了一大堆工作，而有时他们那边大改一通，但你这边可能就只需要复制粘贴几个场景。这就看个人感知了。请注意，制作人除了要在创意上统筹整个项目，还需要按时交付项目。这的确是一个极为沉重的负担。你同样要注意的是，制作人视野里的环节比你所看到的要多得多。

好的制作人会把他们的创意部分与游戏开发中的商业运作尽量分割。我们很幸运能够与其中最棒的一些人合作，他们是我们的朋友。我们跟随他们投入战场，而且还有可能继续合作。然而，也正是这些人会把我们逼疯。他们的工作性质就是如此。我们不会为此怀恨在心，你也不应该如此。

所以，应对这种变更的方法就是深呼吸，仔细听清要做的改动，无论听起来多糟糕……别慌。恐慌是你的敌人（我们在这章稍后会讨论创作恐慌）。最好的办法是仔细听明白改动，做下笔记，然后以自己的视角重新描述这次改动，之后写一份包含改动评估以及解决办法的文档。

在这个阶段，你应该扔掉那些不再相关的事情。"创作失忆症"在这里就是财富。你必须忘掉那些很棒但不再是项目一部分的点子。搞清楚下一步的范围、时间和规模，让你的领导对你的路子点头。如果你不能让他们对后面的事情开绿灯，至少让他们批准最初的几步。这里的要点在于，你要主动重新加入这个项目。你要成为解决方案的一部分。

思维空间

20 世纪 60 年代到 70 年代"思维空间"（headspace）这个词首次出现的时候，有一些人会感到抗拒，但这不是个坏词。在这里它是一个技术术语，指一个个体处于或者想要进入一种特殊的精神状态。你大概就能明白了。

比方说你为一个项目的第一阶段工作，在某个时间点上你与这个项目已经磨合得足够好，他们会带你进入第二阶段。在这个重启过程中，你的目标是在最初的思维空间上重新构造，最好的办法就是继续前进。

前进的步子有多大无所谓，你只需要顺着项目的新方向做些什么。即便重启环节困难到让你不想工作，你也要亲自动手推进项目。就算一天就工作半小时，你也要逼着自己做，直到能够全身心投入工作为止。如果你投入时间后没有结果，就收集好你的想法，然后再次进攻。

试着将所有需要修改的相关文档分好类。打开这些文档，浏览一遍。用"审阅模式"编辑旧文档，即使你已经开始添加一些要点，也要用批注的方式添加在旧文档中。你只是想要让你的头脑里的这个项目再次鲜活起来。过不了多久你就能启动了。

复活技巧

我们将下面的这些办法称为"条件反射"。我们用这些办法回到开启一个项目时的思维空间。这些方法对某些人有用，对其他人未必。

音乐引导

创建一个与你在做的项目相关的播放列表有时会有用——这就好像你在为一个真实的游戏制作背景音乐。原则上，器乐比人声更好，更不容易分散注意力。你定制的背景音乐可以是与项目正好匹配的〔比方说如果你要做一个结合了《异形》（*Aliens*）和《指环王》的游戏，你就可以将这两部片子的原声带混起来听〕，也可以是完全随意的、即兴的。

这里的要点在于你在写作时，在背景中轻柔播放的音乐会影响到你的潜意识〔如果你习惯这么干的话，也可以把耳机音量调到最大；有人说斯蒂芬·金（Stephen King）写作的时候会听很激烈的摇滚乐〕。技巧在于，这个背景音乐只用于这个项目。然后，几天、几周甚至几个月后，当你重新开始这个项目时，你依旧会被音乐引导进入之前的状态。

行动练习（青铜）——创造一套写作的背景音乐

在音乐播放器里创建一个只用于写作的播放列表。你可以加入任何东西，但是注意选择你认为可以激发灵感，能够启发你创作游戏玩法、角色、地点或者体验弧线的音乐。然后体会音乐如何在创作过程中影响你。在你的日志或者点子金矿里做下笔记。

视觉引导

如果你有参考的艺术作品，就把它挂在墙上或者保存在电脑里，这样做可以让你回归这个项目的思维空间。它可以是为这个项目专门创作的美术，或者是从其他领域用来借鉴的艺术作品，不管哪种都没问题。如果你的项目参考了另一个游戏、一本杂志、一本书或者一部电影，就回去继续研究这些材料，玩玩那些游戏、看一下那些电影、反复阅读一下那些文章等。

环境影响

如果你在做这个项目的时候去了什么地方，那么重新开始这个项目的时候，你可以回去一次。我们开始写这本书的时候是在一家星巴克里，那时他们的咖啡壶坏掉了，我们在那里等着备件送过来。回到那家星巴克可以让我们专心致志于这个项目。

标志对白

　　通常情况下，对于人物来说，你要单独创作出一段能够最好地抓住他的个性的对白。比方说，你在做一个叫《肮脏的哈里》游戏的时候，可以从这些标志性对白（signature line）开始写："我知道你在想什么，小子"或者"你觉得自己运气怎么样？"如果这是你自己的人物，写出他的专属对白。这让你能够有一个对白上的支撑点，从这里开始向下推进。在一段时间不再接触这个人物后，你写下他们的标志性对白，就会突然发现这些人物回到了你的头脑里，仍然鲜活，而你已经准备好让他们说出与之前的台词接续的新台词了。这样创作人物和对白会给他们带来真实感，也能作为很好的配音试录材料（让你的配音演员展现人物特质）。

🎮 艰难决策

杀掉你的"孩子"

　　修正。光是打出来这个词就带来了一大波痛苦的回忆。然而你必须准备好杀掉你的"孩子"，否则你的编剧职业生涯会充满艰难和愤懑，而且十分短暂。这意味着当项目不适合的时候，你必须放弃你的创意，究其原因或许是创意上的差别，或者是开发上的实际问题。

　　这是作为编剧的最困难的时刻之一：为了做到最好，你必须在情感上投入，但是为了在职业上生存下去，你只能冷血地放弃你的创作。这是我们这一行的一个悖论，除非你在创作上完全把控一个项目，否则你最好准备好面对这种情况。很多东西会被砍掉——关卡、人物、世界、特性、场景、过场……所有的东西都是能被修改和删除的。这就是游戏行业（或者说任何娱乐相关的创作）的冷酷现实，能够成熟地面对这件事，对你的职业和理智都有帮助。

　　这是不是意味着当你面对一个自己不同意的创作决定，只能默不作声？当然不是。如果你真心觉得自己的创意很好，那就去据理力争。解释为什么这些很重要，为什么游戏有了它之后会更好。

　　但是同样记住，这个世界上到处都是失业的理想主义者，所以你也要现实一点，不要挑起自己赢不了的战争。实际上，一位主流发行商的总裁有一次告诉我们（当时我们正在做的游戏正陷入一片彻底的混乱）："谁对谁错不重要，谁输谁赢才重要。"在这种特殊状况下，他是对的，我们也是正确的，但是这毫无意义，因为其他人赢了。

所以，不要在意一城一地的得失，要在意的是更广阔的战场，即娱乐体验的优劣，它会带给你创作和财务上的报偿。你作为一个职业人士的一部分工作就是在失败后找到办法卷土重来。如果你真的水平够高，就可以将项目的损失转化为净收益。

最后，请将这个杀死你的"孩子"的艰难过程视作机遇。在某些情况下，当你被逼着放弃你的心爱之物的时候，就会想出最好的点子。这就引向了下一个问题，就是有些点子坚持了太长时间。

"创作失忆症"

整个行业和职业纪律都建立在帮助人"放手"和"向前看"上。当我们面对艰难的修改时，就会尝试创作失忆症（creative amnesia）。作为编剧，忘却是一种需要磨炼的技巧。怎么讲？大概就是当项目放弃了一个点子，你要学习如何忘掉它。没有什么事情要比某个人强行把一个已经放弃的点子加回来这件事更无聊的了。为了防止自己变成这个人，你要学习如何得上"创作失忆症"。

行动练习（青铜）——练习"创作失忆症"

想出一些很酷的玩意。现在试着忘掉它。这比看起来要难。

第 *10* 关

开发团队与动态

🎮 开发团队

　　接下来，我们做了一张图来展示从编剧的角度看，游戏开发团队是如何协同工作的。这并不是天条铁律，只是我们的理解，对我们有用。你在自己的项目上可能会了解到不同工作职位的工作内容（这些内容也因项目而异）。我们只是试着描述一个过程，因为在大多数的游戏开发过程中，不同职位都是并行起作用的。也就是说，这些轮子都是同时在转，而不是按顺序一个接着一个转，不会有类似于程序完成了工作之后美术进来继续工作的情况发生。看一看这个图你就会大致理解这个合作中的不同面向。

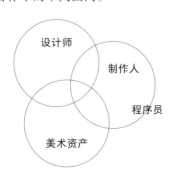

所有的游戏开发团队都有 4 个主要的部门：

- 设计部
- 程序部
- 美术部
- 制作部

设计部

设计部的工作包括了游戏的整体设计和单独关卡的设计。设计队伍通常由主设计师领导，他或她对游戏的大多数创意部分负责。

设计部处理游戏里所有玩家交互部分的内容，包括核心游戏机制、游戏模式、控制方法、人物特性、生命与伤害、武器、技能、界面、游戏菜单、敌人、谜题、载具等。

关卡设计师负责铺设游戏中的单独世界（关卡）。他们在主设计师手下工作。关卡设计师负责放置敌人和收集品，比如物品和弹药；设置事件触发（某个目标被完成之后所出现的特殊事件），还有需要玩家克服的环境障碍；与主设计师密切合作，保证游戏的核心机制在关卡中得以完整实现。他们同样负责微调自己负责的关卡（优化玩法、打磨细节）。设计师在开发过程的每一个环节都需要与其他的部门进行对接。

程序部

程序部（有时称为"开发部"或者"代码部"，取决于开发商或发行商的个人习惯）负责整合游戏的所有资产，保证一切都能跑起来。他们会开发或者优化游戏用的引擎。他们构建或者维护游戏开发使用的工具。他们会给粒子效果这样的东西写代码。他们会处理游戏物理和可破坏的环境。他们要构建支持诸如血条和武器伤害这样的数据的隐藏数据库。他们会调整操控规则。他们为音效触发和音乐引导进行编程。总而言之，如果任何东西要被嵌入到游戏里，那就是程序部的责任。

这个部门通常由主程序员领导。根据游戏的规模，主程序员手下会有数个程序员。这些程序员一般都会负责游戏的某个方面（物理、优化、效果、动画等）。这个部门的责任就是让游戏里的所有内容都正常运行起来。

美术部

美术部门负责所有游戏中需要制作和导入的美术资产。其中的内容包括人物和环境设计；人物、生物、敌人、武器和可交互物体的建模；纹理的生成；光照环境创作；游戏的整体调性；以及为游戏要素创作美术，比如界面和菜单。

美术部门会雇用熟练使用传统手绘、Photoshop 以及 3D CGI 等各种技能的美术师。美术部门通常由游戏的制作设计师领导，负责项目所有的视觉部分。主美术师会与制作设计师密切合作，帮助组织美术之间的工作。

制作部

制作部的领域与所有的部门都有交叉，因为制作部门必须对项目的所有面向都有所了解。这里是制作人的"快乐老家"。制作人通常对项目的创意有一定程度的控制权。他们同样要为游戏的开发时间和预算负责。游戏制作部会与发行商的制作人员和营销人员、公关和销售部门打交道。制作部门掌控游戏日常的开发过程，包括人力、时间和财务。

制作部门里还包括音效和音乐部门（尽管我们也会认为他们属于美术部门——这根据开发商和发行商的不同而不同）。制作人和他的团队的工作就是保持注意力，最终推出一个成功的游戏。如果其他的部门（设计、程序、美术）可以被视为"细节导向"部门，那么制作部门应该是那个"结果导向"部门。

在游戏开发中，制作部门会一直寻找机会改进游戏，同时消灭掉任何潜在的问题。制作部门需要在名为"游戏开发"的混乱暴风中成为"锚点"，时刻保持警惕：我们所认识的最成功的制作人会让"转盘子"和"打鼹鼠"的过程看起来非常高效。作为编剧，你的主要联系人是制作人和主设计师。你也可能会与创意总监（这个人对你来说有点像电影制片人，而实际上他通常是开发公司的老板）、声效设计师以及录音师打交道。在项目过程中，你经常会与各种设计和美术团队的成员一起工作。

　　你的工作就是为游戏设计一个引人入胜的故事，让玩家能够投入情感，为游戏增添更多沉浸式体验。你完成这些所使用的工具是所有编剧都会用的：设定、报偿、角色冒险、情节转换带来的戏剧张力、有说服力的对白、清晰的人物动机，以及用痛苦、喜悦、欢乐和讽刺来构建叙事的高潮和低谷结构。编剧过程中使用什么工具由你自己决定，但是你如何运用这些工具则决定了你的游戏故事是否能够成功。

🎮 故事与游戏机制的碰撞

　　当前的游戏不是一个由故事驱动的媒介。在游戏行业内部，对于故事在游戏中的地位有很严肃的争议。

　　很多游戏行业的顶级设计师会在条件允许的情况下完全摒弃故事，但幸运的是，这种事对于编剧来说并不会发生——如今这个世界里充满了电影衍生品和授权，开发商和发行商对于 IP 的价值也越发重视。一些顶尖主设计师也将游戏视作一个能够讲述吸引人的故事的全新媒介。话虽如此，业内对于游戏叙事还是持怀疑态度——通常情况下，故事内容会被认为是一个必要的麻烦。我们不止一次接到制作人的电话说"我们需要在这里加一点对话"。很多游戏制作人将编剧视作给游戏中"插入对话"的"工具人"。他们没有意识到对话只是巨大冰山的一角——你不仅得让自己的人物有些话可说，更重要的是，你得让有趣的人物具备那种可以用生动的方式描述出来的鲜活的行动动机。为了公平起见，让我们来看看这个争论同样重要的另一面。很多编剧认为游戏只是关于故事，他们不能或者不愿向媒介固有的现实局限做出必要的妥协。每个发行商以及大多数开发商都有这样的经历——自己雇了一位要价昂贵的小说家或者编剧，但这个人看到一张包含了 150 个人物的随机对白的 Excel 表（每个人物都需要 20 个不同版本的"小心""没事""那是什么？"）后，迅速地给他或她的经纪人打电话，要退出这个项目。这样做不对，而且对于那些已经具有传统背景想要进入游戏行业的编剧也是一种伤害。

　　如果你想当游戏编剧，不管你的资历如何（或者根本没有），你都不得不接受这个媒介对于编剧有特殊需求的事实。通常情况下，这与自大没有关系，而是因为缺乏沟通——清晰定义的期望和交付清单会很大程度上解决这种文化冲击。

🎮 态度决定一切

　　作为一个编剧或设计师，请将游戏行业的以下规则牢记心中。

游戏写作是一个新媒介，我们正在努力推进它的前进

　　我们一直都在继续做我们熟悉的事情与尝试一些新鲜有趣的事情之间抉择。我们身处于一个越来越成熟的产业，面对的则是一个不成熟的媒介。硬件和软件领域已经出现了几次巨大的浪潮，叙事和游戏设计正在加速赶上技术和软件进步带来的机遇。

游戏产业不喜欢风险

　　如今，游戏产业处在极端厌恶风险的阶段中，尤其是授权作品和续作（我们讨论的是主流发行商——有很多独立开发商会做一些古怪有趣的游戏，而主流发行商永远不会考虑做这种游戏）。开发一个原创游戏作品需要的不只是好的内容，它同样需要一个有能力交付内容的 A 级开发商，同时这个发行商也愿意在创意和资金上给予支持。现在与 20 世纪 90 年代早期多媒体时期已经相去甚远了，那时开发商和发行商愿意尝试任何新鲜有趣的点子。

写作很难

　　写短篇小说很难，写长篇小说很难，写剧本也很难，更不用提拥有多维灵活故事线的游戏剧本了。

发行商的期望经常会很奇怪

有一次有人问我们有没有可能做出一个能让人哭的游戏。你也可以这样问："你在一个天使头上能钉多少大头针？"你可以去试试，但也要想想这种尝试值得吗？玩家想要在一个游戏里获得这样的情感联结吗？两边都有其理由。

为什么游戏就不能有那么强的戏剧能量呢？很大一部分的粉丝都会奔着催泪去。整个有线电视充斥着这类影片，为什么我们不能做这样一个游戏，让大家能够痛快地哭一哭呢？但是，我们的核心游戏市场是否真的想要玩家在他们所扮演的角色上投入如此的情感？

这永远不会变得容易

你可以做 100 个游戏，每个游戏的开发过程都会有欢乐的时刻，也会有恼火的时刻。你会把很多的设计文档扔进回收站。你也会遇到重大突破（至少是你所认为的极大突破）由于各种各样的原因流产的情况，而大多数情况下这与这个创意本身并没有关系。这里有一个基本原则——每次你觉得自己安全了，那你就有麻烦了。

将每一次都当作第一次来准备

如果你总是回忆往昔，通常意味着你现在在自欺欺人。不管你之前做了多少次，当你要开始创作的时候，就必须深入自己的内心，寻找那创意的火花，让自己有足够的热情，能积极投入到项目中去。

忍受笨蛋，否则你就是笨蛋

在游戏制作过程中，就算你有全天下最好的点子，如果你的团队不愿或不能实现，那么点子再好也没有用。接受现实，有些时候你就是赢不了。

尽人事，知天命

最强大的意愿和很多的技术细节背后是冰冷的现实——项目的成败取决于团队的时间、预算、能力和意愿。一个好的编剧总是能够接受现实，努力适应。

请记住，你是团队的一部分，你有多重要，取决于你自己。

所有事情总是变动

好吧，我们要先下一个简单的结论（以我们多年的经验来看，这个结论完全可靠，并无争议，很难反驳）——在游戏开发过程中，所有事情总是变动。

让我们一条一条来分析，它如何能影响到你：

- **所有事情**：时间表、游戏设计、美术能力、营销策略（同时还有创意方向）、授权期望、制作人突发的奇想、预算、技术局限、操作方法、人员变动以及游戏开发中各种各样五花八门的没有预料到的问题——总而言之，所有事情、所有的这些元素都会以灾难性、古怪或搞笑的方式影响到游戏内容。
- **"总是"**：这条不关乎"总是"会不会发生，而关乎什么时候发生。这种"总是"会从开发工作开始之后不久一直延续到游戏发行。
- **变动**：可恶的修改。在游戏开发过程中，游戏的每个方面都会变动。开发游戏是一个迭代的过程，你要知道什么东西在有些时候是无效的，而找出答案的唯一办法是尝试，修改，再尝试。开发就是一个不停"反馈—循环"的过程。一开始我们会尝试一个创意，然后推进它或者扔掉它。新的概念会出现，老的概念被抛弃。关卡会被做出来，然后被放弃。各种特性会加入这个过程（缓慢地、无意地进化），挑战设计的核心元素。团队里的某人发现了一个很酷的漏洞，然后突然，这就变成了游戏机制的核心组成部分。

请记住，变动不一定是坏事——有些时候也会变好事。如果你是那一类不能接受变动的人，或者不能接受很多变动的人，那么不要再读这本书，放弃游戏行业，等到几代之后它更成熟再说。因为这就是游戏开发的现实，你需要做好准备。你需要有所准备，接受、拥抱、利用这些变动，最后让它为你助力。游戏产业遵循着的"所有事情总是变动"这句格言是让游戏成为一个能够发掘创新的独特媒介的根本。

行动练习（白银）——所有事情总是变动：第一部分

设定如下：一个叫萨拉的女孩突然获得了神奇的飞行能力。她上学要迟到了，外面正好是风暴。她需要在 10 分钟之内赶到学校，还不能让任何人知道她能飞，但是飞行是她不迟到的唯一办法。如果她不能及时赶到，一个叫卡尔的恶霸就会偷走让她可以飞行的魔球。这是她的独特能力的来源。现在，写出一个单页说明描述这个事件。她面临的挑战是什么？她如何才能使用她飞行的能力？风暴会影响她的飞行吗？她能怎么阻止卡尔？在写完之前不要看下一个行动练习，我们会在之后给出理由。

🎮 救火

救火是生活的一部分，你要习惯它们。你在所有的大型项目至少会经历一次。到那时（一般情况下你能预见到，有些时候你预见不了），你要一天之内做完三天的工作。你会通宵工作，取消说好的事情，与人争吵，脾气暴躁。所有人都知道救火的情况会发生，你需要学习如何预见这件事。所有人都会有一次救火；两次也很正常；但是三次就意味着有些事情需要改变了。

救火情况是肯定会出现的，但是如果出现得太过频繁，就是一个严重的问题了。这通常意味着制作人没有经验或者至少制作人没有把控好。

救火最开始发生在你这里。也就是说，你需要做出极大的努力，无论如何都要把问题解决掉，至少也得让问题不再成为问题。为了解决问题，你需要找出需求在哪里（毕竟火灾发生了才需要救火），成为英雄。这就是他们给你付钱的原因。危机结束后，你完全有正当的权利给他们画出一道清晰的界线，不需要说教或者恫吓。你可以说"下次我需要你们预先知会我一声"或者"下次会发生什么事情，我们怎么才能预先准备"。

我们曾经参与过一个项目，创意团队和开发团队在地球的两边，有 12 小时的时差。这种地理上的间隔和时差的问题，导致每次创意团队想出来一个新点子，或者开发团队发现一个关卡需要做出修正都需要两天才能让大家都知道情况。

很快救火就成了常态，经常是深夜（有的时候是整夜）电话和几小时的即时通信。团队规划 6 周完成一个关卡，但是 4 天才能确认一次修改，可想而知这对开发流程的影响。你只是在每个关卡加入一点点新点子，然后时间表突然就像印在厕纸上一样，只值得拿来擦屁股。在这种情况下，所有事情都变成紧急的了。救火的主要问题是，它一般是一个被动行为，而不是主动行为。你是在处理问题（把火灭掉），但你不是在创作，而是尽力避免东西烧起来。

最终，我们解决问题的办法就是让所有人尽量在同一个时间段内工作。如果你有了一个新的、好的想法，你就有责任通宵工作（不管你是在大西洋哪一边），在另一边的团队的工作时间里与其沟通。这能让你在两天的过程里获得及时的回馈。

很有意思的是，一旦人们被要求通宵工作来解释他们的想法和改动，这类改动突然就越来越少了。被提出来的点子的确都很重要，而且大家会很有热情地去解释他们的想法，再加上你要其他人牺牲自己的时间和睡眠，那你就必须自己先这么干。我们在这之后很快就把火灭掉了。

安全区（缓解压力）

我们会把某个地方称为"安全区"。这不是一个特定的地点，而是你让人产生的一种感觉——大家感觉事情会变好。他们感觉安全。他们能够在截止日期之前完成。他们做的东西会被认可。他们对工作环境很熟悉。他们并没有徒劳无功。他们能够看到一切完成。

当你在做一个项目的时候，一开始会很兴奋地觉得"我们做的事情非常酷，以前从没有人做过，这会成为一个突破"，然后就变成"这是垃圾，这个项目到底是搞什么鬼？这完全是乱七八糟的，简直要完"。

在某个时间，我们需要感觉安全。你可以在安全区内释放压力，让所有人不再恐慌。安全区是你的舒适区。人既需要待在他自己的舒适区，也需要知道如何抵达舒适区。如果他们没有，那么他们就会像一个溺水的人一样到处挣扎，把其他人也带下去。项目的脱轨往往是由脱离了安全区的人想要走回正轨的行为导致的。

不要让感染扩大

进入安全区有很多种形式，不过通常来说，就是让他们去做一些他们能做到的事情，就像给溺水者扔救生圈。在项目进程中，你需要不时调整交付表和日期来做到这些。比方说，前段时间我们做了一个项目，游戏里第一关就有几个很复杂的过场。从工作日程安排来看，我们不需要很快就完成这些内容，所以我们就优先去做其余游戏的关卡节拍表了。但是负责过场动画的导演就变得非常不安，不知道这些过场符不符合标准。他的忧虑传染给团队里的其他人。于是我们知道我们必须得跟他一起把过场先写出来，并且要快。

我们把这些工作完成，也给了这位导演他需要的东西。他现在能明白自己要完成的任务，在工作过程中成了我们的伙伴。他现在抵达了安全区，可以开心地安排时间，指挥美术，开始做这个过场动画。他之前对于这种未知的焦虑现在已经被控制住了。

你也需要有安全感

你会偶尔发现自己也需要获得安全感。如果你发现剧本或者设计的某些部分在折磨你，但你没有解决办法，你会想把它丢到一边去。不过，你又没法真正放弃，因为它成了一个让你自我怀疑的恐惧对象，那么你就不能忽视它。如果你这么干了，那么它就会慢慢渗透进你所有其他的工作里去。

要让你自己最大限度地发挥实力，就必须对自己写在屏幕上的东西自信，相信创意是对的。有人会在之后过来告诉你哪里错了，但是你在创作内容的时候不能心存疑虑。如果这是一个你心里想逃避解决但是为了让自己有安全感又不得不现在解决的问题，那就先去解决它。最终，你的设计和剧本是会变得更好的。如果你有能力在焦虑愤懑的时候还能创作出吸引人的内容，那么你就有了一项我们没有的技能……老实说，我们也不想要。

一点压力是好事

以上说的这些并不意味着我们要的是一个没有压力的创作环境。实际上，我们知道会有压力，而且很多时候压力也是好事。压力是这个过程的必要组成部分。没有压力，人就不会做出决定，不会按时交付，也永远不会有创作上的突破。

压力是项目中必需的一部分，但是同时我们也需要有放松、重建以及最重要的前进的时间段来缓解压力。也就是说，大家并不在意一天工作 18 小时，只要你能预先提醒他们，并且告诉他们何时能够结束、之后会有奖励可拿就行。

如果压力永不放松，那么项目基本上总是会以灾难收场。人可以努力工作很长很长一段时间，但是必须让他们看到隧道尽头的光明。你的游戏能够大卖，奇迹就发生了。所有的这些挣扎、苦难、加班加点都消失了，取而代之的是成功的辉煌。

行动练习（白银）——所有事情总是变动：第二部分

拿出你在之前的行动练习中写的单页说明，就是那个描述年轻的萨拉飞到学校去阻止一个叫卡尔的恶霸偷走她的力量源泉的简介。很好。非常好。我们希望你喜欢你的创作。我们也很喜欢……但是有个小问题。现在我们没法把"飞行"这项放进游戏里。不好意思。没有"飞行"了。我们知道它是一个核心机制，但是由于时间的问题我们做不了了。我们想把球状闪电作为萨拉的能力。同时，我们会把原有的这一关砍掉，萨拉会从学校外面开始行动。现在，你要重写这一个关卡，萨拉仍然要去阻止卡尔，不让他去偷走她闪电能力的源泉。思考你需要做哪些改动，你之前的草稿里哪一些可以保留下来。还有，对于飞行我很抱歉……但是游戏产业就是这样。

🎮 论如何接盘

即使做了上述努力，你通常还是会拿到很多接盘项目。不知道你们有没有听说过一个叫《黑卫岛》（*Blackwatch Island*）的游戏。在这个游戏最终成形之前，它的故事设定是在纳粹实验室里，但在这之前的设定是在某个德鲁伊圣陵里，再往前推又变成了外星人降落场上，而继续向前推又变成了吸血鬼领主与流亡巴比伦诸神的史诗战场上。到现在，这个游戏的设定则发生在巫毒教死灵恐怖分子特种部队基地里。你大概能理解了吧？每个人都进来瞎搅和，于是游戏变成了一个垃圾桶。

　　虽然还是有人最后相信集体智慧对于决定有益无害，但是创作过程不是自由市场也不是民主投票。实际上，它完全相反——它应该是少数人的愿景，在适当的创造之后就能够影响大众，或者至少大众中的一部分人。

寻找核心创意

　　斩断这一团乱麻的方法就是尝试去寻找这个最初的创意为什么会是这种形态的潜在动机。如果你手边的是一个有20个不同走向的野外生存恐怖游戏，那么就去研究这个游戏的核心体验是什么。"为什么要做生存恐怖游戏？""因为我们想要创造出前所未见的最恐怖的游戏。"好了，这就是基础。这就是你的任务描述。如果你能让人认可这么简单的描述，那就非常好。它能够帮助人集中力量。

　　突然，这些原本挤在内容里争相出头的鬼怪、僵尸、狼人、吸血鬼、不死人、外星人和变异生物现在都服从于任务描述。此时，修剪创意就变得容易得多，你能够更加简单地斩断这一团乱麻，聚焦于真正吸引人的游戏体验。任务描述的另一个不错的好处是除非有人承认自己改变了想法或者改变了方向，否则没有人能推翻最基本的描述。

误入歧途

　　我们现在要做的剧情是星际陆战队进攻卡通王国。你可能会将它构思成《星河战队》与《谁陷害了兔子罗杰》（*Who Framed Roger Rabbit*）的合体。你可能之后有一百万个要决定的事情，但所有人都同意的一点是我们必须坚持做卡通角色。

　　现在我们假设在这个过程中的某人（比利）一直想要做一款玩家可以利用大量虚拟定制菜单创造专属卡通角色的游戏〔就叫它《创造卡通》（*Creatoon*）〕。这一直是比利的执念。他一直很喜欢这个想法，真心想要做出

来。虽说《创造卡通》和你想做的的确有点接近，但是与星际突击队进攻卡通
王国的剧情还离得很远，只能说它们之间有关联。它甚至有可能成为一个独特
卖点（Unique Sales Point，游戏术语，可简称为 USP），但是如果说市场营销是
场狩猎活动的话，你这么干就相当于打到了猎物的腿上，而不是心脏。

　　这就造成了一个决策危机。在这个延续的冲突之下，比利和开发团队的其
他人都在《创造卡通》上投入了很多美术资源。比利可能不怎么在乎射击卡通
兔子的关卡。对于他来说，整个项目就是《创造卡通》。但问题在于，这个游戏
的任务描述很清晰：星际陆战队大战卡通兔子。市场部门说他们的卖点就是这
个，销售部门说他们卖得出去的也是靠这个。

　　比利并不关心这个。他是《创造卡通》的拥护者，碰巧也是一个很棒的 AI
程序员。如果《创造卡通》被砍了，那么他可能就会走人，顺便带走几个人。
比利会非常气愤，他可能在辞职后会为了《创造卡通》的版权去起诉公司。他
在跟他的老板沟通，他老板认为他是公司最宝贵的资产。这个团队现在有了一
个很大的问题。

　　说到底你（以及其他所有人）都心知肚明《创造卡通》是一个有趣的小
项目和附带品，是一个面向青少年市场的"寓教于乐"产品，但这不是你或者
团队里的大多数人，或者发行商想做的游戏。如果有太多资源投入到《创造卡
通》，而星际陆战队大战卡通兔子投入不够，那么你最终能获得的就是一个有缺
陷的产品。

　　你如何化解这两者的矛盾？谁能拿到资源，谁不行？你怎么处理比利？作
为编剧，你会因为比利是你哥们儿就站在《创造卡通》这边吗？还是你指出他
真的不太适合这个项目？比方说《创造卡通》的问题是玩家能设计他自己的卡
通角色，角色会有自己独特的人格，这会反映在定制化的对白上。

　　此时，你会发现如果要实现这个设计，就意味着你要针对玩家定制的角色
的某条对白写出 10 个不同版本。你的工作量呈指数级上升。这一下子变成了一
个严重的问题。你原本只要完成 100 页的过场和附带对话的剧本就好，现在跳
到了 1000 页（你可能觉得这是夸张了，但是这在我们身上实际发生过，而且这
一点也不好玩）。除了增加的工作量，你还有时间和预算的问题。

　　另一个问题，或者说是最严重的问题，就是这个创意本身就是有缺陷的。

回到正轨

怎么办？你现在面对的是一个很现实的商业问题。你的工作量呈指数上升。必须有人来处理这件事——要么他们给你付更多的钱，要么让工作量大致降到之前的级别。有人认为这个创意有缺陷的想法是有道理的，不过只是想法而已。如果事情已经到这一步了，妥协的方案基本上是尝试已有的版本，看它是不是可行。我们之前也讨论了游戏开发的迭代模型。不是每一次迭代都能让项目往前推进。有些时候，一个版本的作用就是证明某些东西是跑不起来的。

在我们的例子里，团队在游戏里嵌入了《创造卡通》的一个小的示例版本。好了，比利得到了机会，他现在可以去实现他的期望了。这同样也推翻了其他人"理解不了"的说辞。

当然，执行一个创意并验证它是需要花费时间和金钱的，但是这就是开发游戏过程的一部分。如果比利的创意是好的，那么这么做就会证实这一点。如果我们应该忽略它，继续往前走，这么做也能说明在不好玩的游戏面前，争论是没有用的。

第 *11* 关

改动、修正以及创作批评

  游戏就跟很多创意作品一样，在逐渐成形的过程中要经历很多改变。然而，游戏行业的一个独有特性就是其应用的是迭代的过程。这意味着游戏开发并不一定是一个逐渐攀上顶峰的过程。实际上，这个过程里充满了启动和暂停，转错弯，走错路，掉头和退后，重新思考，放弃某些特性，砍掉关卡，在最后时刻才提出创意。这些可能会让一切都变得更好，也会让一切都变得更糟。

  由于游戏开发永远这样起起伏伏，所以你在这个过程中会始终面临改动。有些时候这样做是因为它是让游戏能够成形的必要步骤，而其他时候则出于创作上的原因。

  基本上开发团队的每个人都会在某个时候面对批评。设计师和编剧通常是得知和接受项目大部分批评的人，这是作为创作者的残酷一面。

🎮 面对批评

  在电影产业里，接受批评被称为接受意见。这通常是整个过程里最不愉快的部分。它意味着多了许多工作，意味着在脑袋里塞上几千个点子，直到你的大脑过载。请记住，除非你在与一个施虐狂工作，否则这点对于所有人都是很别扭的。你要明白自己在面对批评的时候是一个专业的编剧。作为一个专业的编剧意味着你是收了钱后创作的，是为了消费者而写作，是在生产一件产品，这并不是一件低俗的事，而是一种很酷的赚钱方法，但是这意味着你得把自己在创意写作课程上学到的那些"追寻你的本心"之类的说法扔到一边去。它与你的感觉或尊严没有关系，你只是在完成一份工作。你就把它当作一个目标导向的练习。当你在接受意见的时候，就说明某个人已经在设置项目议程，他们握着牌，在这段时间里控制你的生活。这会有多糟糕呢？让我们来假设最坏的情况。

✦ 最坏情况分析

　　你的总监不是很高兴。他说的第一句话是"我在你的剧本里发现了很多问题"或者"实话实说，我们不喜欢这个剧本"。你有且只有一个正确的答案来回应这句话："那我们来把它改对。"

　　如果你的制作人很厉害，那么他就能够推导出问题在哪儿以及如何修正。很不幸，好的制作人是稀有的。实际上，你在听到这种意见的第一时间就可能已经知道你的制作人水平不怎么样了。因为你在之前写剧本的时候应该已经遵从了建议，这种事情根本就不会发生。毕竟，如果你的基础十分牢固，那么剧本怎么可能会错那么多？你的大纲他可是点了头的，你们都认可了基本场景、如何开始、如何结束、中间发生了什么，所以真正有问题的就是演出（staging）和对白。通常情况下，这会是走向你永远不想要听到的"回到基本前提"这几个字的第一步。"回到基本前提"就意味着重写（比这稍微好一点点的修改会被称为"单页说明重写"）。

　　思考如何提出意见是知道如何面对批评的最好方法之一。当然，在一个完美的世界里，每个人都明白如何给出意见（通常是一个写满了抱怨和修正的表单）。然而，想一想如何做这件事，你会对如何接受意见和做出修改有更好的把握。

P.O.I.S.E.

　　没人喜欢接受对他们作品的刻薄意见，特别是在你投入了大量的时间、精力和感情去创作后。"每个人都是批评家"的说法完全正确，然而不是每个人都是好的批评家。实际上，大多数人都很烂。有批评眼光的艺术家并不仅仅能指出哪里错了，或者哪里他不喜欢，而且同样知道如何让创作的艺术家回到正轨。

你可能在之前也接受过批评。基本上就是"我不知道我喜欢什么，但是我知道我不喜欢什么"。这绝对是最难处理的意见。它指出了一个问题，但是没有给出任何解决方案。他们期望你能够回去在黑暗中胡乱撞上一通，看能不能撞出点东西来。你甚至都没法去理解批评家是怎么想的，因为他们自己都没有一个成形且清晰的想法供你参考。

提出和接受批评是一门艺术。请记住，批评的目标是让人进步，而不是让人气馁。如果你想要提出修改意见，那么你应该用能够达到预期目标的办法给出意见，才能最后获得你想要的结果。

请记住你在批评的是作品，而不是人。不要把这变成私人恩怨，不管是给出批评还是接受批评（管理层和人事才应该操心这类问题）。我们说的是创作批评，你批评的是作品而不是编剧，这之间应该有很清楚的差别。

当你提出意见的时候，不要只抱怨你不喜欢的事情，并且还不承认别人已经做出了很多工作。你如果以专业的方式给出反馈，那么你作为编剧会受到不公平报复的机会就会少很多。在这里我们使用 5 个词组成一个利落的缩写 P.O.I.S.E，即赞扬（Praise）、概述（Overview）、问题（Issues）、策略（Strategy）以及鼓励（Encouragement），并以此来说明我们的批评方式。我们知道这听起来像是管理学基础 101，但是相信我们，这很有用。

- **赞扬**。你说出口的第一件事应该是积极的。你的整体感觉无所谓。找到这个作品中任何你觉得可以赞扬的地方，不管多微不足道都可以。如果你想不出任何好话，那接下去也没有什么意义了。与其提出批评，不如直接提出这玩意没法用，考虑让其他人去重做算了。
- **概述**。在你表达了赞扬之后，编剧情绪稳定了，此时你就应该给自己的批评立一个前提。想一些基本的问题。应该提出的这些问题是大问题还是小问题？是需要很大的改动，还是小小的细节修正？调性是不是错了？其他人是不是也指出了这一点，或者这个意见只有你一个人有？
- **问题**。这通常是谈话的主体内容。你要详细说明想变动的内容。失败者可以随便抱怨，但是由于批评的目的是让游戏更具创造性，所以你必须明确自己想要修改哪些地方。如果你不能确定自己不喜欢的是什么，那就不要批评。"我觉得不太对头"这句话没有建设性，而且与你想要的效果正相反。它只能带来问题，产生冲突，且给不出解决方案。你需要清楚地解释为什么这不对头。你也需要提出建议，让自己参与进来，而不是置身事外。接受批评的人是非常脆弱的。你的工作是帮助他们战斗。

- **策略**。你可以这么说："我觉得我们可以在下一版里这么干……"这样一来你就可以让项目朝着自己所想的方向前进。提出一个清晰且简明的路线图来做出需求的修改。讨论一下你完成这些内容所需要的时间。此处是否可以做一些初步的更改，让大家对最终的修订有一个更明确的认知？比方说，如果你想要改动一个关卡，是否可以先重点关注其中一个场景？我们把这个场景搞定，那么接下来就可以以它作为范例来做余下的变更。如果改动规模很大，那就会让其他人害怕，导致他们无从下手。

- **鼓励**。项目成败在此一举。继续回到赞扬的部分，但是现在要向前看。"我觉得这些可以再多来点（只要是你觉得好的部分）。"如果你觉得他们的工作是有价值的（你当然应该这么觉得，否则你为什么要做出批评），就说出来，让他们知道哪里做对了。告诉他们你相信他们能搞定这个，然后让他们回去继续干活。

这样就可以了。不要再拖下去。如果他们有问题，可以继续讨论，但是在这点上，你已经给出了你的意见和建议，也打下了一个保证积极氛围的良好基础。你最不想要做的事情就是争论，这是最可能会发生的情况。注意，不要争论。

行动练习（青铜）——每个人都是批评家

将 P.O.I.S.E. 作为指导手册，批评你认为需要修改的东西，比方说一个故事、你最近看过的一部电影，甚至是晚饭的菜式。

🎮 面对更改

好了，在一个理想的世界里，P.O.I.S.E. 会是你接受意见的方式。但不幸的是，你在大多数时间里接受到的都是些草率、混乱、随意，甚至过分刻薄的乱七八糟的意见。就算是这样，也请记住，大家几乎在所有的情况下都是对事不对人的。因此，你要记住的非常重要的第一点就是，遇到这种情况，不要觉得人家是在针对你。把你个人和你的作品分开。你所想出的每个点子、你所写出的每一个字不可能都是天才之作，所以要接受事实，承认别人可能是对的。

当你接受意见的时候，考虑如下几件事情：

清楚地确定问题所在

明晰性是关键，不要过度解读。如果你不确定需要做什么改动，问就好。

同意新的方向

如果你并不觉得这些改动会让作品变得更好，那么你就应该花一些时间来向大家解释你为什么认为最初的想法是最好的以及你做出决定的逻辑。如果你真的相信自己是对的，就要抓住这个机会把它说得通透。但是你也要小心选择自己的立场，特别是如果有更强大的力量左右这件事的话。如果你认为这个改变是对的，那么就应该向大家说明并提出实现新方向的方法。

给出一个实事求是的变更时间表

乐观主义在这里就是你的敌人。宏观的层面上来说，几乎每个游戏开发过程都经历过从对于时间、预算、特性等因素过分乐观地预估再到缩水的过程。每个人都想要最好的情况。这种想法极容易让你落入一个陷阱，特别是在游戏创作的兴奋和喜悦是维持和鼓励团队工作的主要驱动力的情况下。不过，改动经常会引向不可预测的分支，所以如果你对改动的范围有任何的怀疑，最好说出来。设置一个实际的目标，但是也准备好随时改变。

明白你创作的任何事情都不是确定的

所有的想法都可以修改。你需要在态度上足够成熟，对自己的创作足够自信，理解你最喜欢的元素也可能会被删除。如果这是一个很好的主意，但是我们必须删掉它，你没有任何办法，那就把这个创意存起来，留待以后再用，然后继续当前的项目。你要确定自己能在明天想出一个更好的主意。毕竟，还有比让一个创作者把自己能想到的最好的主意删掉更让人难过的事情吗？

保持积极态度

这是最困难的一点，然而成功完成这些修改也是最重要的一点。不要让消极影响到了你交付的能力。在改进中找到能够让你兴奋的点，投入进去。

做好准备，这些会一而再、再而三地发生

不要欺骗自己说这些都已经确定了，已经不会再改了。如果你这么做了，你就相当于让自己得上心绞痛和胃灼热。你很有可能在想法被真正落定前修改很多很多遍。修改就是过程的一部分，意味着事情在进展。这么想的话，事情就容易处理多了。

🎮 批评的秘密

如果有人在批评你的工作，事实经常是他的确知道如何修改。我们在此就是要利用他的批评作为修改的方法，让他的想法融入之前的创意中。不让他讲出想法也没有意义，这点非常重要——你不去听取他的意见，他的意见也不会消失。

比方说，你的制作人或者主美术师有了一个想法，你就条件反射地不想听。你害怕这个想法会把所有事情都搞乱。这可能是一个坏主意，比方说这个家伙从第一天起就想要把他的宠物猴子塞进项目里。你想要跳过这个批评，想要这个想法消失。问题是它不会消失，它会是房间里那头隐形的大象，直到这个人把它讲出来为止。你的工作是放下你的自大（这可能会很困难），去认真听取他

的意见。

意见说出来了，有几个可能的结果：

1. **想法很好**。这个想法能解决你的所有问题。
2. **想法还可以**。这不过是用另一种方式做你现在的工作，且还增加了你达到相应目标所需的工作量。
3. **有一定价值**。想法有些地方挺好，有些不行。
4. **很好，但是**……这个想法需要增加太多工作量。
5. **被拒绝了**。这个想法根本行不通，说出来就被拒绝了。
6. **烂想法**。这个烂想法完全搞乱了整个项目，但是所有人都觉得还不错。

认真听取意见

我们不需要讨论第 1 条。它是皆大欢喜的处理方式。2 和 3 都要具体问题具体分析。你听取了意见，接受了能用的部分，抛弃了不能用的部分。但是请注意，你不需要当时就给出结论。你可以用 20 种不同的方法说"让我考虑一下"。你要释放掉压力，因为这时你可能会有一个很好的机会让灵感爆发。你要仔细研究一下这个想法，并且考虑怎样去运用它以及用了这个想法会产生怎样的后果。

你要花时间去考虑这些想法的其中一个最主要的原因就是这中间潜藏着一种"看上去还挺对劲"的感觉。这种感觉需要你从字里行间去揣摩。当有些人说他们有感觉了，那么你就需要注意了。通常情况下，处理这种感觉就是要抓住它，搞明白它到底是什么。这个想法可能没有用，但是他可能的确看到了一个问题想要说出来，只是说不清楚。如果你认真地思考一段时间，你可能会找到一个取其精华、弃其糟粕的方法。你在绝大多数情况下都可以在仔细思考之后再做重大决定。

第 4 点是最困难的。这几乎可以算是一个道德问题。如果某人在开发中间想出来一个很棒的新主意，但是那需要多做很多工作，那么谁来付账呢？如果你过去把之前做的很多工作重做一遍，要么你用自己的时间和劳动来付账，要么公司就得花钱买下你的更多劳动。或者，你也可能觉得这个改动可以带来极为爆炸性的效果，会对游戏造成极大的影响，让你的最终版游戏变成一款大卖作品，因此你需要在权衡后果和工作量之后做出决定。每个人都想要他的简历上能出现一个热门大作，所以你得最终为大家做出决断。

第 5 点很简单，就是泥牛入海而已。你只需要同情地点点头，暗暗松口气就行。

于是我们现在要面对的是第 6 点，也是一个令人恐惧的结果。正是因为这样，你才想要把对面说话的那个人挤掉，把他弄晕或拖走。你恨这个想法，因为它会毁掉所有事情，但是这个想法刚好又有一些优点让大家喜欢，然而没有人能够看到或者关心它会带来的灾难性后果。你下意识的行为是任何一个理智的人都会做的——跳出来，火力全开，告诉那个家伙这个想法愚蠢透顶。如果你没有经历过这些，可能会以为这从不会发生。然而我们在此得告诉你，这是经常的事。游戏开发很多时候也是一项包含身体接触的体育运动。于是所有人都开始大吼大叫，事情失控，项目出现了问题。

处理结果 6 的唯一办法是冷静。仔细捋一遍这个想法，推导它的后果。看看这个想法会对游戏有什么影响——它给游戏带来了什么，又消灭了什么？讨论它对于开发过程的影响。如果你有一个妥协的解决方案，那么现在就应该说出来。你能够抓住这个想法的精髓吗？如果可以，你就应该能够找到另一个伤害规模最小也能达到同样目的的解决方案。如果事情朝着你不希望的方向发展，那么你就撤退。在战争中，军队也会需要撤退。撤退，重组，卷土重来。你在会议其余的时间中最好是自己"先消化消化"，然后听人讲，接受意见，暂时把这个问题搁置。你可以积极参与，但是避免眼神交流，不要显露出你的想法。另外，你的笔记之后可能会有价值，所以你要把所有事情都写下来，认真去理解。你要认识到如果这个项目真的有什么问题，但其他所有人都觉得很兴奋，只有你没有理解，那么可能就是你出了问题。

🎮 面对玄学理论

每过一阵子就会有人向你传授一个玄学理论，有讲游戏设计的，有讲故事创作的，五花八门。在电影领域你会听到这种玄学理论，比方说"古装电影（Quill-pen Movie）不会受欢迎的"。当然你会反驳："那《加勒比海盗》（*Pirates of the Caribbean*）就很好看啊！"你最有可能收到的回复是："因为那是根据主题公园游乐项目改编的。"然后你也可以很蠢地继续讲："那你的意思是不是，不是根据主题公园游乐项目改编的古装电影就不会受欢迎？"

在游戏领域，你会听到的玄学理论包括"大家不喜欢旁白"或者"我们不能向玩家隐藏秘密"之类的话。我们当然同意玩家不喜欢很烂的旁白，但是他们会接受优秀的配音。同时，如果你能够创造一个令人满意的游戏瞬间，惊艳你的玩家，何不去尝试呢？

你能不能做一个玩家角色是《第六感》（*The Sixth Sense*）里的布鲁斯·威利斯，直到最后一刻才让玩家知道他已经死了的游戏？你可以说出一个很棒的反驳理由，而且你知道如果自己能做到这一点，这个令人震惊的决定会吸引到你的玩家并让他们在这个过程中获得巨大的满足感。但是很多游戏制作人只会简单地下判断："玩家必须知道他已经死了，否则我们就是在骗他。"好吧，你把这个主意给砍死了。它是怎么死的？玄学。

在游戏行业里你还会听到类似"玩家会按键跳过过场动画"的说法。很多情况下的确如此。玩家会跳过冗长、沉重、乏味且焦虑的过场，反正过场动画里的事情和人物也不关他们的事。没有人会跳过那些令人非常满足的过场动画，除非是这两种情况——一是他们已经看过好多次了，二是他们相当投入，急着想要获得新的刺激。

只要玩家知道自己在游戏里的位置，他们就会喜欢好的过场动画。这也是为什么很多现在游戏里的开场动画都那么冗长且支离破碎。

我要在这里说明一下为什么会发生这种情况。

大多数的游戏在开发之初是很有野心的。剧情会延伸得很远，玩法会很多样、很复杂。编剧会写出很多很多的过场动画，关卡交错在一起，在这么多不同的关卡中，他们还需要去编织一个好的剧情。我们经常也得面对这样的问题。突然，我们有 4 段剧情都需要在游戏的开头部分全盘托出，而且它们看起来对剧情的后续发展都很重要。我们发现了一个问题，所以我们得不停地绞尽脑汁来解决。一个可能的解决方案是把游戏玩法拆开，放在一个之前没有预期的新场景里。当然这会遇到很多阻力，在通常情况下，你也许会失去话语权；游戏要么是被砍掉某些内容，剧情看起来支离破碎，开发者只能尽力弥补，要么就是幕中剧情被某些没有任何关系的人强行缩短。这种类型的情况就会演变成玄学理论，你必须十分有创造力来解决问题。

🎮 建立决定性考验

碟中谍组织（Impossible Mission Force）是一个非常精确的组织。于是，伊森·亨特每次出任务，带的就是他们认为他所需要的装备。不多不少，在每个关卡的开始，亨特的装备栏里的装备应该恰好符合任务需要。实际上，每个出现的装备就应该提示玩家这一关是怎样过的。在一个面向大众市场的游戏里，我们不希望玩家在一大堆物品栏里研究怎么开门。我们希望他能够动起来。如果一个装备是任务相关的，他用完、扔掉，就完事了。所以，我们认为每个决定都应该先通过这个决定性考验：

- 它是不是一个不可完成的任务？
- 它可不可以放在一个大众普及的主机平台？
- 休闲玩家在没有作弊的情况能不能玩懂？
- 它能不能创造张力？
- 游戏能不能按期按预算交付？

如果一个主意在任何一个问题里没有获得肯定的回答，那么就视作没有通过决定性考验，我们会拒绝。

行动练习（白银）——建立决定性考验

针对你想做的游戏，列出 5 个必须考虑的项目。这些项目会成为核心的基础标识，定义你的游戏。所以请仔细思考。

🎮 你与其他人的创作思路脱节的时候该怎么办

你一开始肯定是抱着最好的态度，但是在开发中，团队决定往另一个方向前进。尽管你尽了最大的努力说服他们，但是他们仍然坚持自己的新方向。那么，现在你怎么办？这就取决于你有多想（或者有多需要）坚持留在这个项目里。从你的观点来看，项目完全走错了路，你再继续坚持的话需要做很多的修补工作，最后也不太会获得一个满意的结果。你必须决定自己是否还想要在这个项目里做下去。如果你打算留下，那么你就需要进入防御位，重整旗鼓。你做得越有条不紊，你就越可能成功。如果对话变成了争论，那么你只是在专业讨论里附加了人身攻击。一定要注意不要说太过刺激人的话。

你需要多诚恳地听取意见、表示赞扬和保持谦逊，不管你是打算离开还是留下。在这个时间点上你能做的最好的事情就是诚实地说："我没弄明白这个……让我们再过一遍。"如果你是个很好的扑克牌手，那你也可以跳过"我没弄明白"这段。实际上，你如果能够掩饰自己对现状不满的话，那么在长期情况下这是对你有好处的。一旦你知道了自己需要知道的所有东西，那就快速说一句"让我好好想想"，然后微笑着走出房间。出了房间之后，你就得决定是否继续做下去。这意味着现实情况（房租怎么办）和理想（我不想要这东西上出现自己的名字）的权衡。

你的决策过程会包括很多个人和专业上的考虑。但是你必须得做这个决定。如果你决定继续做下去（假设你做了这个决定），就必须完全拥抱这个新的方向。也就是说，你需要表现得像是一个专业人士（有些人可能会说你表里不一，我们说这叫拿人钱财，替人消灾）。

如果你运气好，之后可能会跟其他人一样，看到新方向的价值。这也是你不用匆忙下决定的另一个原因。因为通常情况下，就算是主体改动也不会像你恐惧的那么糟糕，其他人都明白推倒重来的代价。有些时候，让所有人都意识到一个想法听起来很棒但是没法实际应用，需要一段时间。

如果你决定离开这个项目，那你也需要接受这样的事实：无论你是谁，都不会适合所有项目。莎士比亚也没办法写《海绵宝宝》（*SpongeBob SquarePants*）的剧本。你并不适合所有的团队。有些运动员在一个队伍里是明星，在另一个队伍里则没法出头，即使你不是一个体育迷也应该知道这一点。这与你的才能、你的性格和你的个人魅力都没有关系。

可能这个团队里真的全是笨蛋，也有可能有些你没看到的隐藏要素——比方说办公室恋情——让你判断失误。不管是什么，这只是一个没成的项目。尽可能和平分手，避免未来的伤害。

🎮 主动的意见

一般情况下，你的工作是在开发过程不出岔子的情况下改善游戏体验。通常，一个游戏在开发过程中会经历一个特别脆弱的阶段，需要多个机制共同运转。在此，创意会带来以下两种作用之一：要么就是作为润滑剂，突然让所有的机制整合好，平稳运转；要么就是成为阻碍，让整个系统磕磕绊绊，最后停下来。就算这是一个好的想法，如果没有整合好，也可能会使整个机器停掉。

如果你选择投入这个过程，主动向团队提供意见和建议，那么你必须理解可能发生的后果。这点非常重要。你可能会成为英雄，也可能成为替罪羊，所以在决定是否将意见投入这个过程之前，请认真考虑。

如果你相信自己的修改会让这个项目变得更好，那么你就有责任把它们告诉整个团队，并且接受之后可能会出现的结果。请记住，你的工作一般不是批评。然而有些时候，你会觉得自己在道德上有义务要清楚和简明地把事情说明白，告知能够做决定的人。但是如果你只是想要把你自己喜欢的点子塞进去，而这个点子并不能显著地增强游戏体验，那么你就需要花一点时间考虑一下。这样做不光是为了游戏，也是为了你自己和团队对你的印象。

🎮 创作恐慌——你不想要的想法

不管你在情绪上有多稳定，有多少工作经验，你还是会有恐慌的时刻。当你不知道要做什么，你精心构筑的结构和剧本正在眼前崩溃时，这种感觉就来了。你所看到的前路上只有成吨的工作，内容都不会好到哪儿去。你不知道交付什么，不管你问自己这个问题多少遍，还是无法获得一个清晰的想法该做什么，此时你就会产生这种恐慌。

创作恐慌的隐秘特性

这种恐慌最大的坏处就是它会导致两种徒劳无功的后果——缺乏兴趣或者缺乏动力。

缺乏兴趣会让你不再关心项目，这就会反映到你的写作中去。热情没有了，取而代之的是急切地想要做完并交出去完事的想法。做一个"雇佣兵"不是问题。实际上，我们高度推荐这样的做法，但当你需要进行创作上的输出的时候，你就不能以一个"雇佣兵"的态度做事了。你必须在这个项目里寻找一个立足点，激发自己的想象力，重新生发自己的兴趣。

我们参与的很多项目都是这样——之前的编剧或者设计师明显已经放弃了。你几乎可以指出他们是在哪一页开始放弃的。不要让这种情况发生在你身上。

恐慌的第二个结果就是缺乏动力。在此，你很愤怒、很迷茫。你的漂亮玩具已经被他人玩坏了，你不想再玩它了，所以你停了下来。老编剧很容易拿这个当借口。

那么，你就必须问自己："如果一个编剧没有创作，那么他是什么？"我们这行最难的地方就是每个人都认为自己能干我们的活儿。这个世界上充满了有抱负的文人。如果你不再生产内容，你等于创造了一个空位，等着他人来填满。这个空位也的确会被填满，结果则是更多而不是更少的混乱。所以不要让你的挫折转变为动力的丧失。

在这种时候，你必须让自己的专业性战胜内心的创作困难。从长远的角度来看，你会发现自己能够从团队、制作人、发行商和开发商那里获得更多尊重，因为你能够接受现状，并且积极地想出解决的办法。另外，不管你相信与否，修改会让事情变得更好。不久之后你就会意识到新的方向实际上是相当让人兴奋的，你不想玩的那个玩具突然看上去又变得崭新美好起来。

如何重组

摆脱恐慌的最好的办法是重组，然后计划你的下一步。你要像一个将军那样，组织一次有计划的撤退，然后再次进攻。你可以接受意见，写下你认为自己现在所处的位置，以及想要去哪个方向。如果你在写日记的话，写的时候可以尽量保持舒适感和私密感。仅要重组的话，你可以：

- **清晰地定义问题。** 通常情况下，你认为的问题实际上是更大问题的一个症状。比方说，每个人都在批评主角的动画，但实际问题是没人喜欢这个类型的人物；或者说游戏感觉响应迟钝，但实际问题是控制器映射并没有起作用；或者所有人都觉得对白库很差，但实际问题是对白是找团队成员临时配的音，还一直没替换成正式的……诸如此类。

- **建立如何解决问题的共识。** 确定所有会被影响的团队成员都能提出意见。建立第一个解决方案失效之后的紧急计划。

- **创立一个回到正轨的时间计划。** 没有什么比一个一直持续下去的问题更加让人恼火的了。不要让恐慌蔓延，否则就会威胁到整个项目。

- **做好准备接受失败。** 这是件很困难的事情。如果你不能在合理时间内解决这个问题，那么就准备好重新设计、重新写作、重新创意、重新编程，把问题绕过去。尽人事，努力让项目继续前进。在后续的开发过程中，我们可以重新回顾这场战斗，但是现在我们需要先获得胜利。清楚明确的行动总是会降低创作恐慌。

劳伦斯·冈萨雷斯（Laurence Gonzales）在他的书《生存心理：野外探险家和生活挑战者的深度指南》（Deep Survival: Who Lives, Who Dies, and Why）里说，在一场类似于沉船的灾难或者在森林中迷路之后，你能做的最好的一件事是重拾你的勇气，想出"下一步"。这在恐慌的项目状态中也是非常正确的选择。

对于游戏编剧来说，一个很残酷的事实是你没有组织意义上的权力，就算你有，也可能并不想要运用。你要做的下一步是满足你的团队的需求——让他们感觉安全，因为这种问题出现的时候，他们状态不佳，而情况则会不断恶化。

就算你控制了这个项目，简单直白地用权力说话很少能起真正的效果，更常见的情况是权力斗争只会制造敌人。

行动练习（青铜）——回忆你自己的创作恐慌时刻

写下你遇到过的创作恐慌经历以及你是如何克服它的。思考造成这种情况的原因：不安全感，对于失败（甚至是成功）的恐惧，缺少动力，缺乏兴趣，对交付感到迷茫，感到压力过大，甚至是与合作者有摩擦。实话实说，你总有一天会再次遇到这种情况。你这次做好准备，便可未雨绸缪，尽量避免这种情况的再次发生。

游戏编剧的创作策略

写作并不是玄学，但是背后的创意过程某些时候确实是玄学。有很多编剧有很多古怪的办法来将文字落在纸上，然而作为一般原则，你需要创造一个透明的环境。这意味着没有潜规则，没有不留记录的谈话，没有秘密。

开诚布公

开诚布公的一个主要环节就是保持沟通。你要让整个团队看到你的每一次进展。就像我们说的那样，"没有惊喜"。有些时候你会遇到这样的客户，他在你交完大纲之后就会说："那行，你完成之后就给我发一份草稿。"不要这么干。你在完成头几个场景之后就要给他们发过去。如果你对人物的解读，或者格式，或者任何其他方面有问题，你最好在项目一开始的 10 页纸之内就弄清楚，而不是 100 页之后。

律师一般把这样的作风称为"光天化日"。总的来说，让过程里的每个人都知道你在做什么，这么做有两个好处：让每个人都了解你在创作的内容，同时也建立了一个反馈机制，你可以在创作的同时做出修改。

请注意我们并没有说这也是给自己擦屁股的绝好方法，因为这是不言自明的。

交付里程碑要小

相比于一次性交付大量工作，更好的方法是将交付化为一系列小的里程碑，每周或者每两周交付一次。基本上，这也是团队干活的一般模式，所以你也要确保这种灵活性，提出这样一个结构，让你能够循序渐进地工作。

你要让团队从头到尾都保持合作，让他们知道你正在做什么，你为什么要这么做。如果你遇到了问题，就告诉他们。如果你需要帮助，就向他们求助。就算不能一直保持这种透明性，你也要让他们用同样的方式对待你。这样的话，如果你在推进项目几周或者几月之后出现了问题，就能够更容易地解决问题。

🎮 决策过程

你的创作目标是将一个完全主观的想法变成一个客观的事实。这就是说，你要把一个自己认为很"酷"的创意变成一个大家觉得都很"酷"的作品。劝说和强迫是没有用的。你的热情有用，但是并不够。坚持是一种美德，但是这也会非常烦人。说到底，这些元素都有帮助，但是创意本身的质量最终决定了你是否应该去实现它。

主观想法变成客观事实的过程就好比从民意调查到实际选举的过程。团队的观点（或者说那些团队中负责人的观点）不再是一个想法，而是变成了团队共享的一件事。每个人都已经签了协议，没有再反悔的余地。创意的确有实现的价值，团队也正在逐步推进。如果任何一个人打算去改变大家都同意的某些基础事实，那么他们就必须面对这个过程会带来的影响。

放进流程里跑一跑

假如说团队里的一个家伙给你带来了一个高概念游戏，该游戏结合了比基尼女郎和外星人两种元素。他们觉得这是一个好游戏，故事也好。如果你喜欢这个想法（当然也可能会有所保留），就会钦定这个游戏"有潜质"。你应该把这个游戏丢进决策过程，看看我们是不是要做这个项目。

这个过程有以下几个部分，就算你觉得你对其有所了解，你也会惊讶于有那么多的项目被叫停是因为人们认为某个必要的环节不必要或者想要跳过某个环节。

我们成功应用的流程如下：

- **空对空嘴仗**。每个人都会对每个项目中的某些地方持否定态度（他们是好心的）。实际上，每个项目都会遇到很多类似的情况。大多数情况下，这些争论在游戏进入讨论之后会消失，有些时候则不会。争论是这个流程的一部分。坚持你的想法，驳斥对方的看法是最终让项目变得更好的必经环节。这可能会花 3 分钟，3 个小时，甚至 3 天时间。每个人都要有机会发言。中心问题应该有答案，且迅速得出结论。如果你需要更多信息，或者执行层批准，或者更多的想法，那么必要时可以推迟，然后在获得这些东西的第一时间开这个会。然而，这种推迟不能变成不作为。时间在这里是你的敌人。

- **在光天化日之下讨论想法**。我们再强调一次，要透明，不要搞什么暗箱操作。秘密讨论对于某些创作来说是有价值和需求的，但是对游戏开发来说不是这样。你要让尽可能多的人参与到这个决策过程中来。这通常意味着团队里所有关键岗位、公司里的主要创作者以及制作人，还可能包括管理层的代表都要参与其中。你要尽量兼容并包，如果某个人不想要参与，他们会说出来的。请注意并不是说你邀请了这么多人来讨论，就意味着每个人都会参与最终决策。实际上，让所有人都有一票否决权只会带来混乱，然而让所有可能被这个决策所影响的人都能说话，就算只有表达意见的机会，也很能够让团队支持最终的决定。

- **所有人都能平等地得到聆听**。当每个参与进来的人都有机会能够说出他别样的观点或者看法时，你听取意见的态度要积极，不能嘲笑。这与观点冲突不是一回事，并不是每个想法都会与其他的想法冲突。有些时候，你面临的问题在于选择太多。

- **及时决策**。不管是谁最终有决定权，他都必须准备好，有意愿做这样的决策。无论是利用一个正式的时机（比方说周例会），还是一个非正式的时机，都需要有一个直接且公平的决策流程。决策本身应该清晰明确，让所有人都能在同一时间得到消息。

继续前进

一旦决策已经做下，团队就应该重新团结起来。一般都会有某人比较失落，不太开心，而且如果胜利的一方赢得不太堂堂正正，那他会更不高兴。如果你不想给项目带来不必要的混乱和摩擦，那么越快解决这件事越好。

如果这个决策没有如你的意，那么就别再想要把它拧到你的方向上来。不要当祥林嫂。不要把你的老想法改头换面重新来过。这事已经结束了。没有什么比某人硬是要回去继续折腾已经翻篇的内容更加烦人和没有建设性的了。

相反，如果你赢了，不要忘乎所以。你不想要输了的人报复你，因为他有大把的机会可以这么干。你的工作是让他散会之后能够对项目充满热情，这才是最好的结果。

批准

绝大多数情况下，一旦某件事情得到了批准，那就不太可能撤销。对于批准方来说更是如此——你通常只会拿到（或者需要）一次批准。

批准过程在不同的开发商和发行商那里是不同的，但是都包括某种类型的"签核"流程。你要理解它是什么、它如何发挥作用，以及它如何影响你的交付。实际情况下，几乎所有团队内的批准都是口头的，但是行政批准和授权方批准一般都有文书流程。

请注意，拿到了批准并不意味着事情已经结束，你可以洗手不干了。认可之后再来改动是常事。然而，在批准之后再来修改是个很严肃的事情，所以这些改动不会是很小的修正。一般原则是，除非绝对有必要，否则尽量避免修改已经完成的工作。

⌨ 团队之中游戏编剧的位置

就像游戏设计师不会在一夜之间就把一个游戏设计完成，编剧也不会直接把一个想法变成一份完整的剧本。他们会做故事设定、故事节拍表、大纲、人物分析等。这意味着在一段时间内创作出很多的内容要与开发过程相伴而行。

如果你是空降到这个项目里来的，要搞清楚的头几件事之一就是团队里的其他人对于编剧是什么态度。团队里有没有其他人认为他自己才是那个编剧？很多时候，团队里的设计师或者别的什么人可能搭建出了最基本的故事和人物，所以你可能是取代或者支持了其他人的工作。就算每个人都认为他们在刚开始的时候创作出来的东西是"临时"的，但毕竟他们投入了精力。如果是这样，你就需要面对一个问题。如果你运气好，最初的游戏故事虽然粗糙，但是有很多闪光点，你可以发掘利用。如果情况正相反，你最好是将潜在的对手变成伙伴。

实际上，最好的一条路是将所有参与这个项目的人都变成伙伴。游戏作为一种艺术形式，比其他任何一种娱乐媒介都更需要协作。在电影片场，你从来都不会听见剧务组成员评论一个演员的表演，但是在游戏开发中，3D 建模师不在乎他的话是否会直接影响到他的部门，他会非常积极地评论游戏的创意元素（这种行为同样是被鼓励的）。如果你希望能够在游戏行业中生存下去，你必须积极拥抱这种合作的精神：单打独斗的成功开发者少之又少。

🎮 游戏编剧的边界

在任何的创作过程中，无论这种边界是公开的还是隐藏的，它对于每个人都很重要。在不同情况下，一个游戏编剧可能会是队伍里的临时和额外成员，也可能完全参与整个开发过程。不管你的参与情况如何，你都需要明白你的边界在哪里。

边界在团队和开发过程的不同层级中都存在。边界可以存在于团队的组织架构中（你可以跟谁说话，不能跟谁说话，才不会冒犯别人），也可以存在于创作和开发的过程中。

团队架构

　　游戏行业看起来似乎挺宽松挺自由，但是有人的地方就有等级（正式或者不正式的）。开发团队也是一样。你作为编剧会接触到项目的很多不同部分，所以你很难被归到组织架构表里。理论上，这意味着你可以跟任何人说话。你面对的是会做进游戏的核心内容，这意味着你可能要与团队里所有的主管打交道。所以，请确保你在说明自己的创意，或者解释创作问题的时候，没有不小心略过了某人。

　　绝大多数情况下，你都应该通知项目的制作人，让他知道你要跟谁说话，内容是什么。如果出现了任何问题，让制作人决定接下来怎么办，或者如何解决这种管辖权限的争议。

创作边界

　　如果你是作为自由编剧空降到这个项目里来的，很少会出现你和团队里的其他人是从头开始的情况。一般来说，都会有一个基础在那里。比方说，《红冰》（Red Ice）是一个军事冒险游戏，设定在北极。一开始拍板的时候就是这么设定的，设计文档就是这么说的。也就是说，没人对你的"热带"设定感兴趣。

　　顺便一提，很有可能发生团队里的有些人很坚持自己的宝贝点子的情况。我们之前已经说过，对于你很喜欢的点子，你也许舍不得放手。我们都有这种点子。这个点子可能是游戏发生在底特律的设定，可能是主角有个叫瑞文的女朋友，可能是主角在游戏里用火焰发射器，更有可能是任何事。

　　值得注意的是，如果你不小心干掉了某人的"宝贝"，那么最好的情况就是你多了一个有隔膜的伙伴；最坏的情况下，你可能会被踢出项目，而你自己都不知道为什么。这就是为什么你需要尽最大努力去了解你能做什么，不能做什么，分辨出大家所重视的东西。

　　确定不同的团队成员的"宝贝"，尽可能保持你所创作的内容的完整性，然后把这些元素融入你的内容。这看起来似乎是让你在游戏创作元素时讲政治，但事实上，这种情况经常发生。能够找到一个有创意的办法将每个人的宝贝点子做进游戏，会让游戏变得更好。人对于某些想法的执着一般都是有其道理的，如果你能够很明智和优雅地把这些结合进设计和故事，那么这些宝贝点子则通常会给最终的游戏体验带来无法衡量的改善。

关于团队组织架构，你可以向自己的制作人寻求引导和建议。同样，主设计师对创作问题一般有最终发言权，所以也记住去问问他如何在创作上与团队交流。

制作的边界

尽可能将商业和创作问题分离开。你（或者你的经纪人）会不可避免地与商务方面的人打交道，讨论合同和付款的安排问题。除非其中有一些很大的问题，不要把商务相关的问题带进团队。绝大多数情况下，他们与商务事宜没有关系，而且在这种情况下，他们会假设这些问题都已经解决了。你必须明白买卖是永远做不平的。不要期待今天开始做，下周就拿到钱。一般情况下，我们从口头上达成协议到拿到钱会间隔大概 8 周的时间。

你跟制作人抱怨你的钱还没拿到可能会有效果，但如果你在团队和项目的商务问题上制造了摩擦，那么这就不是什么有建设性的行为了。就如同我们所讨论的其他边界一样，常识是你最大的盟友。如果你对与某些人讨论某些问题有所保留，害怕会引起麻烦，这件事就应该让你的内心敲响警钟。请仔细考虑后再行动。

🎮 出了问题怎么办？

如果一切顺利，那么问题一般都很容易解决。然而，游戏开发其实与"如果东西没有坏就不要去修"这句老话有些不同。游戏开发一般是"情况很好，那我们就要把它弄坏"。这可能会让游戏变得非常好，也可能变得非常烂。

托词

我们所生活的这个世界里，不管我们是否喜欢，我们都必须面对托词。托词经常被理解为谎言，但是我们并不这么认为。实际上，我们只是努力在负面情况下去寻找积极的一面。没有建立在事实基础上的托词是没有用的。在大多数情况下，问题没有解决的原因的最好说法是"创作分歧"。

这个行业里的人都理解，伟大的头脑经常有不同的想法。托词与能力无关。这不是对错的问题。它能让所有人都避免更加负面的暗示。为什么你需要托词？因为不管你做什么，你都会面临竞争和敌人，而且现实是游戏行业真的很小，人与人之间都是"低头不见，抬头见"的状态。

竞争

与流行观念不同，你的竞争对手并不一定就是你的敌人。实际上，竞争对手和敌人是两个很不同的概念。你的竞争对手只是另外一个人，为了糊口和你做相同的事情。你经常会与他为了同一份工作竞争。有些时候会出现一些尖刻争论，但是我们保证这种情况少得出人意料。它可以让大家变成敌人，但同样也有很多竞争对手联合起来组成行会、交换合同策略、共享写作技巧的情况。

某种意义上这就是这本书的作用。我们是行业中活跃的编剧、设计师；你有可能变成我们的竞争对手。我们觉得这对于大家而言是一块足够大的蛋糕。另外，好的竞争对手让我们保持警惕，差的竞争对手也不会让我们的工作变得更难（实际上，是变得更简单了）。

敌人

所有人都会制造敌人——就算你不想要这样。你可以努力去避免这种情况，但是它仍然会发生。任何搞创作的人在职业生涯中的某个时间点都会制造敌人。这是创意工作的性质决定的，主观意见很重要，而激情有时会火上浇油。

通常情况下，你会因为项目的失败和崩溃而树敌。有些时候你也会因为项目非常成功，每个人都想要分一杯羹而树敌。成功可能会比失败更加难以应对，有不少大卖游戏都引发了激烈尖刻的争论。有些很成功的开发者就是在游戏大卖之后出走的团队成员，他们决定自己单干，获得了更大的成功。

我们遇到过由这种行为促成的一些非常奇怪的联合，特别是伙伴、竞争对手、以前的敌人联合起来创造出了惊世大作的有趣情况。这比你想象的要频繁得多。毕竟，行业里的所有人都渴望制作出伟大的游戏，但是拥有这种能力的人比其他娱乐形式中拥有同等能力的人要相对少很多。

　　引导开发过程而不制造敌人本身就是一门艺术。但是你要明白，你的首要任务是做出一个好游戏。如果这意味着要踩别人的脚趾，你就得学会怎么下脚才能轻一些。权衡创作需求和工作关系是游戏开发团队成员要学习的很重要的一门课程。学习如何正确处理，就会给你的职业生涯、你的名声以及你的心理健康带来很大的益处。

第 *12* 关

在商言商

🎮 艺术也是商业

我们身处一个令人兴奋的行业。我们在开发吸引人的项目。我们也因为这些项目而感到非常兴奋。大家想要知道一些消息的时候，就都会来向你打探内幕。你不想要变成恶人，和对方说："呃，不能告诉你。"如果你这么说了，潜台词就是"你不是跟我一伙的。对我来说这个游戏比你的友谊更重要"。同时，你也不想违反自己签的协议。因此，从法律上来说，你应该确保自己所说的一切都应该是已经公开的消息。你可以谈论那些显而易见的内容。不行的话，你也可以这么讲："我也很想告诉你，但是我不能这么干。"或者你也可以回避问题："我也不知道。"这个回答很懒，但是礼貌。他们大多数时候会接受的。

考虑事项

与你的律师和会计师讨论合作事宜。与公司合作的话，其中会涉及复杂的法律和税务问题，所以你需要调整自己的策略来适应自己的情况。你要记住自己的社保号和身份证号。这样的话，你在需要的时候能马上说出来，可以省掉传真和电邮的麻烦。你要记下自己的合同日期，写下你的银行卡号为转账做准备（外国公司一般是这样付款的）。你在合作的公司里对接的是谁？开发者、发行商或者某个第三方？你必须知道谁给你付钱，然后跟他沟通。

　　下面这些内容可能听起来很奇怪，但是你需要知道项目的名称，就算是个临时名字也行。谁对此有创作控制权？是他们雇你来做某个项目，还是你将自己的原创项目卖给他们？如果是他们雇你来做，那么你获得创作控制权的可能性是很小的。如果你在业界有点名气，那么你可能可以拿到他们在改动你的材料之前征求你意见的权利。如果这是你的原创，或者基于你的书籍或者剧本的改编，那么你可能可以在一定程度上获得对该项目的控制权（如果你能拿到那就很好）。

美国编剧工会

　　你需要知道甲方公司是否是美国编剧工会（Writer's Guild of America，简称WGA）的签约公司。如果是的话，你就应该准备一份美国编剧工会合同。为游戏创作可以让你进入工会，拿到医保和养老金。如果你现在 22 岁，这件事看起来似乎无关紧要，但是你总有用得到的一天。你可以去美国编剧工会的官网研究一下具体细节。目前，美国编剧工会发布过一个一页的合同模板，能为开发者争取权益，它会对你有帮助。接下来就看你能不能说服合作方使用这个模板了。

🎮 交易达成

　　一旦你得到这份工作，你的做事习惯就要派上用场了，因为现在就是达成交易的时候了。我们可以就这点单写一本书出来。如果你的条件允许，就去找一个在行业里有经验的经纪人或者律师来帮助你达成交易。就算是这样，达成交易并不是什么"一拍即合"的事情。你需要研究自己的合同，因为一个好的交易意味着接下来会有很多收益，而一个坏的交易则意味着会有很多地方让人头疼。交易中有很多环节，你最好确保这些环节尽量让你受益。

工作量

　　你的工作量是你在参与互动游戏制作过程中要面临的一个很大的问题。在很多时候，没有人真正知道他们要让一个编剧做多少工作。在项目完成之前，编剧的工作量可能会有非常大的变化。这意味着你要做好加班加点的准备。同时当项目的规模增长到之前没有预料到的程度时，你要划清范围（同时也要记住设计上的一个微小变化对你来说可能会有很大影响）。你一开始要定个大概的数字，比方说 40 分钟的过场动画和 100 页的游戏内对话、大纲、人物介绍等。

你得花点时间来计算一下，确保如果这些数字变动太大，你与制作人之间的君子协定可以另外谈一谈。

付款方式

你需要安排好付款方式。显然，最好让对方尽可能提前付款。不过，你也能预见到他们会要求在甲方满意之后再付款给你，因为他们就是这么跟开发者谈的。编剧不应该接受"满意后付款"的安排，因为你不可能控制别人是否会喜欢你的工作。编剧应该是基于专业标准交付之后就能拿到钱，而且应该有权利在开发者终止合同的情况下，也拿到自己已经完成的那部分工作的钱。比较好的安排是在事前付一笔，然后在过程中分期付款。

如果你是自由从业者，开发者是花钱雇你给他们做项目。如果这笔钱是事后给的，那么他们的钱只是在项目完成之后到你找到下个项目之前这段时间的生活开支。这种做法不会让一个编剧有最好的表现，因为他在做项目的时候还得分心去操心房租和生活开销的问题。

公平的做法通常是事前付一半，交付的时候再付一半。有些时候项目会经常变动，编剧需要做的工作量大大增加，这个时候编剧会想要一笔固定的劳务费，例如按周收费。作为一个自由从业者，你也可能会同时做好几个项目，但是你必须以绝对严肃认真的态度对待按期交付这件事。你不能让开发者或者其他任何人认为他们遇到的麻烦是因为你在分心干别的。作为一条基本原则，你可以开诚布公地说你在做其他的工作，但是在实际操作层面，你应该让他们感觉不到这件事。

灵活性

开发者花钱雇你最看重的一点就是你的灵活性。他们应该为此付钱。项目经常会慢下来，或者延期，但这不是你的问题，你不应该为此负责。作为一个编外人员，你只要完成自己的工作就应该在一个固定的日期拿到钱。你的理想状态就是稍微欠甲方一点工作。

确认期

就算是交付后付款的安排，你应该拿到某种程度的确认通知，或者有一个确认期。这么做的目的是让你控制风险，预防无穷无尽的修改或者等待期。一旦他们确认了你交付的工作没有问题，那么他们再要你改就是他们的问题，不是你的问题了。

我们都知道这里必然有无穷无尽的修改，所以才得出这种结论。这是超出你控制范围的问题，但是你不可能每一次都去跟他们重新谈判你的合同。你可以在脑子里设定一个范围，定好要做多少次免费的修改，同时也画定一条"到此为止"的红线。

在合同中指定好自己的对接人并没有什么坏处。你得知道是谁做的决定。通常情况下，这个人不会出现在项目中，但是通过这种这样或那样的方式确定这样一个对接人是大有裨益的。你不仅需要知道最终决定权在谁手里，还得知道各个流程的决定权在哪里。他们是公司外聘的人还是授权人？如果你能跟上自己认可的大部队，就能避免很多伤心事。

署名

署名是薪酬的一部分。就算是个烂游戏，你的名字出现在游戏里都比完全不署名要强。这个要在一开始就谈好。

如果他们不能给你一个直接的署名，你应该要一个"同等效力"的署名权。这意味着如果项目里有另一个人做了与你类似的工作，他能署名，那么你应该有与他相同的署名权利。

对你来说，署名就是金钱，而且应该被严肃对待。你的署名会在哪里出现，游戏过程中、游戏开始、游戏结束、包装盒上、说明手册上还是网站上？这些通通都要弄清楚，而且要争取到最好的待遇。

署名不会让任何人花任何钱——最多也就是像素和墨水。看到其他人的名字出现在你做了几个月甚至几年的工作上而你的名字没有出现是件非常不公平的事。我们也遇到过这种事。显然，公平是双向的。如果某人做了极大的贡献，你也要设法让他高兴。如果这里出现了争论，去参考美国编剧工会的标准，尽量说服其他人接受你的想法。署名是很重要的。

与未来项目的关系

每当大家被问起未来可能要做的项目时，都不喜欢直接说出来，但是如果你发现自己做了比预期多太多的工作，你大可以问："你看，我知道你没有预算但又需要我继续做完这个作品。所以，我希望你能给我这个作品续作的优先取舍权。"如果你打算退出，那么他们很难对这样的询问说"不"。

如果他们不能给你打钱，显然得做出一些另外的补偿。你要知道要找他们要些什么。

在交易谈妥之前先做一些工作通常会对你有好处。在签合同之前，作品的相关权利都是你自己的。然而，他们雇你干活时你的谈判地位和他们想要买你的作品版权时你的谈判地位是非常不同的。这不是说你要在这里要些阴谋诡计，而是说你要权衡风险和收益。如果你在拍板之前就开始干活，你就是冒了风险的。他们没有义务去买你的作品，他们没有风险。这样的权衡在合同谈判时是完全合情、合理、合法的。

版税（但愿有）

如果这个游戏成了爆款，开发人员应该有所获益。不好的地方在于，开发人员很难拿到奖金、浮盈和版税。这里面的行业原因很复杂，但是你去找他们要这笔钱是完全合理的。如果销量超出了预期，你就应该有报偿。

衍生市场

除非你有参与进去或者你创造了这个 IP，否则你拿到衍生品销售的利润的可能性很小。但是如果你有正当理由，这是完全可以争取的。

比方说，如果你创作了人物，这些人物授权给了第三方做成玩具，为什么你就不能拿到利润的一部分呢？聪明的公司会分利润给你。

我们的一个理论已经得到了非常充分的证据支持，内容大概是这样的：如果某个发行商只把版权利润留给自己而不给他们的程序员、设计师、策划和美术师，开发者们就会"扣留创意"。也就是说大家有了很好的创意，但是不想贡献给公司，因为他们意识到这样做不会有回报。所以，他们就会留下自己的点子，直到公司的环境改变为止，更有可能便是另谋高就。我们在这里并不是鼓励你私藏自己的点子，我们也从没有这么干过，但是上述情况的确发生过。

公开活动

公开活动和署名一样。除非你是个通缉犯，到处露露面从来不是坏事。有些人会把公开活动写进合同里。最基本的形式类似如下的条款：与其他的开发人员（比方说制作人、设计师还有总监）"会在类似的场合、类似的时间和环境下出现"。

差旅

美国编剧工会和美国导演工会（Directors Guild of America，简称 DGA）坚持要让他们的成员坐头等舱。你不会从发行商或者开发商那儿拿到这种待遇。他们给你的待遇一般是经济舱，甚至可能是廉价航班。总之，如果你需要赶很多飞机，那么你大可以向他们要一要商务舱的待遇。这需要你有很好的判断力，能够根据情况做决定。

你要知道很多开发商和发行商想要你能够召之即来，有些时候甚至希望你能够自己付钱坐飞机、住旅店、租车，然后拿着收据去报销（报销的钱可能需要一两个月才能拿到）。如果你手头紧，这种事对你来说有困难，你也要让他们事先知道。这会帮你省下很多扯皮的时间。

🎮 何时开始工作

在谈妥之前你需要做多少工作？这取决于很多因素。在我们所做的几乎每一个项目里，最开始都会有一次"意向讨论"，意见达成一致后我们一般就开始干活了。这之后会签订正式的协议。游戏开发不可能等 3 个星期让律师把合同拟订。

交易拟订前

如果你真的很想接这个活，那你做什么都行。如果交易没谈成，你还握着自己的材料，对你来说会是一种激励。如果这些材料与甲方公司的材料有内在联系，那么你就要小心了。总的来说，我们遵循的原则（当然也有很多例外）是，在 3 次会议或 5 页说明（当然也可以两者皆有）之后，有些事情就要最终敲定了。

合同之前

在交易谈拢之后合同签署之前，你应该做多少工作？此时你要展现自己的"大方"，但是也要有底线。他们让你开始干活，你大可以这么说："你看，我知道这活怎么干。我们就假设签合同要一个月，拿到钱要两个月。"开会或者发邮件这么说都是不错的。如果你之后要和对方说"这样，我觉得你们商务部的人也应该动一动，给我拟份合同吧"这种话也更合情合理。

付款之前

你在拿到钱之后应该做多少工作呢？大家都期待你能够写出 50 页文档的速度比他们填两页单子让上面给你打款的速度还快。实话实说，我们承认没有人喜欢给别人打款，除非他们必须这么做。很多的公司规定和政府规定加在一起导致付款过程缓慢。

在这个情况下，你得要好好判断一下。如果你已经签了合同，他们总是会付款的。然而，如果钱迟迟不到，你就应该跟你的制作人谈一谈了。

🎮 收款

时刻关注你的打款状态。很可能会发生你给了他们收据，但是支票没来的情况。你给他们打电话，他们就回复"我们没有拿到你的 W-9 表格"或者可能是"你得先有一个订单"。你怎么才能拿到那东西？找他们要，但是他们从不告诉你。"好吧，"你可以说，"我在这里说清楚。你们不给我打钱是因为我没有给你一个订单号，但是你就拿着收据等着我们来问你？"

所以你应该这么干。始终保持对这些程序信息的跟踪。不要让 W-9 表格埋在你的收件箱里。主动出击，搞定一切手续。掌握如下的"游戏"：

- **保密"游戏"**（一般在签署这份文件之前你不会做多少与实际内容相关的工作）
- **W-9"游戏"**（以及与其他任何政府、税务相关的文件，比方说居住证明）
- **签署协议"游戏"**（你的合同）
- **收据"游戏"**（给他们一份收据用来打款，询问他们是否需要一个订单号）

如果你感觉程序不动了，立马打电话。尽可能避免与同一个人在商业事务和创作事务上打交道，反过来也一样。如果你想从这一堆付款的事情里脱身，交给你的经纪人处理就行了。有些经纪人很擅长这个，有些不怎么样。一个好的经纪人会运用负罪感、羞耻感、纠缠不休以及任何别的能力把事情办妥。

处理商务事务是游戏制作过程中最烦人的事情之一。请注意，不要让任何商务上发生的事情干扰到创作开发层面。

第 *13* 关

职业生涯相关问题

🎮 每个人都需要一个开始

"我怎么才能进游戏行业？"

这是我们最经常面对也是最困难的问题，这大概不是巧合。

如果在游戏行业起步有一个简单明白的办法，那么你就不需要问这个问题，也不用读这本书了。进入游戏行业没有一个确定的路径，它与你的教育、欲望和人脉都有关。这些因素在正确的时间出现在正确的位置会事半功倍，狗屎运也很有用。毅力和决心也可以给你带来机会，所以你尝试的次数越多，你越有可能达成目的。

去对地方

这是说你要去实际做开发的地方。互联网公司的确是遍地开花，但是选对地方还是很重要。在开始的时候，你必须得真正去开发游戏的地方。开发组一般位于硅谷、奥斯汀、洛杉矶、西雅图以及任何一个有着健康开发者和发行商群体的地点。在其他的地方入行也很不错，但是最终，你需要变成团体的一部分才能在游戏行业里成功。

参加展会

游戏展会是你和开发商还有发行商面对面的最简单也最直接的一个选择——电子娱乐展（Electronic Entertainment Expo，简称 E3）、游戏开发者大会（Game Developers Conference，简称 GDC）、由互动艺术与科学学会举办的 D.I.C.E. 峰会（Design, Innovate, Communicate, Entertain Summit）以及奥斯汀游戏展（Austin Game Conference，简称 AGC）都是业内比较有名的展会。同样，游戏公司也会出现在漫展这样的活动中。你只要在网络上搜索游戏、电影和流行文化相关的展会信息即可。

网上搜索

所有的大发行商和大多数开发商都有自己的主页。你可以去那里搜索他们的招聘页面，提交你的简历或者浏览工作机会。同样你也可以关注某些主流的游戏网站，上面也有很多开发商和发行商的招聘信息。

阅读专业的游戏和 CGI 开发杂志

很多流行的游戏杂志后面都会有开发商的招聘广告。你也会在专门的 3D 和 2D 图形艺术杂志的背后找到类似的广告。虽然他们不会在这些广告里写他们要招你这样的人，但是他们肯定会留下联系方式。你可以给他们发邮件，或者打电话，询问是否有美术之外的职位。

发动你的关系

游戏行业中绝大多数的职位空缺都没有对外公开。实际上，招聘信息通常都靠行业内的人口口相传。如果你认识在游戏行业的某人，去跟他搞好关系。或者如果你认识的某人有这样的业内人脉，也可以尽管开口。

猎头

猎头通过帮助他们的客户与雇主签合同来挣钱。如果你才进入这个行业，你可能并没有足够的名气和经验让人注意到你。然而，这些猎头有自己的消息来源，知道谁在招人。虽然希望渺茫，但你还是有机会能通过他们找到工作的，特别是在你未来愿意与他们长期合作的情况下（当然你要证明自己的价值）。

创造内容

如果你找到了有意向录用你的公司，他们想要知道你能够给他们带来什么，你就需要展示自己的工作成果——换句话说，你得有工作成果可以展示。你需要一份游戏剧本的样例、一份初步的设计文档，或者一份概念文档。你需要写出这些，画出示意图。不管你做的是什么，它必须看上去专业。第一印象只有一次机会。

做好从基础工作开始的准备

进入行业应该是你的第一目标。如果你从助理岗或者测试岗开始，或者在大发行商的邮件收发室帮忙，你已经接近入行了，所以当机会来临时，你就要牢牢抓住。很多我们合作过的顶级制作人和设计师都是从质检（也就是说，游戏测试）开始的。实际上，就我们的经验而言，游戏测试往往是开发团队里最有洞察力的成员之一。

如果你是从开发商或者发行商里找到的这个工作，那你就应该从入门级的工作做起。你在工作初期可能赚不了多少钱。不过没关系，因为你从中获得的经验和人脉可以弥补你在经济上的损失。

可以从做外包开始

不要担心从做外包开始，以游戏开发公司的流动程度，基本上所有人都是自由职业者。有些时候我们捋一遍手头的名片，发现几乎没有人会在一个职位上待超过三年时间。十年之内换了五份工作在行业里很正常，一点都不奇怪。就算是在同一家公司，人们也会从这个项目到那个项目，这个团队跑到那个团队，跟自由职业者没什么两样。

坚持，但是不要招人烦

如果你能够跟公司里的某人建立邮件来往，你可能可以观察出他们在找的是什么样的人。你要有礼貌，坦白自己的目的，与人分享你的热情和需求，但是不要让人讨厌。开发游戏是很忙的，如果团队里的某些人足够友好，能够花时间与你分享他的经验，给你提供关于加入公司的有用的建议，你要感激他们，不要去烦他们。你不会有十足的把握得到这份工作，但是如果你招人烦，那么你肯定得不到这份工作。

行动练习（黄金）——创建一份职业生涯游戏计划

把你的职业诉求想成你在设计的一款游戏。你需要完成什么目标？你需要训练什么技能？你在哪里去寻找你的方向？现在，做出一个你可以今天就开始做的3件事的计划，然后立即行动。比方说，你已经构思了好几年的想法，今天你就开始写出一个单页来。有没有马上开始的展会？如果有，立个计划行程。你可能想要列出一系列公司，他们做你喜欢玩的游戏，然后你就可以发邮件询问他们工作机会。这里的关键在于，你是自己职业生涯的主角。你能不能成功都取决于自己。

自学成才

"所以，我怎么才能学到我需要知道的东西？"

这是人们经常问的另一个问题。十多年前人们都是边做边学，现在则有教授游戏设计的专门学校。游戏公司也愈发频繁地从这些学校里招人，因为有教育背景总比什么都没有强。你要认识到游戏行业正在发展，大家都在寻找新的人才。

除了正规教育之外，你同样可以自力更生，自学知识。

阅读

阅读一些游戏研究报告，订阅游戏开发杂志，参加游戏展会，这些都可以作为一个外行人学习游戏开发工作流程的方法。

加入 Mod（游戏模组）社群

在电脑（以及次世代主机）上，很多流行的 3D 引擎都有健康的 Mod 社群。你可以加入这些有抱负的设计师和策划的行列中，使用这些已有的引擎，用你自己的内容和美术创作你自己的游戏。实际上，很多非常成功的电脑游戏都是从 Mod 开始的。这些游戏从很小的业余爱好者团队起家，最后可以与大开发商的大作对垒。在次世代主机平台（比如 Xbox 360、PlayStation 3 和 Nintendo Wii）上类似的 Mod 会变得更加寻常，因为联机与多玩家的能力都会成为这些平台的核心策略。

行动练习（青铜）——玩 Mod

网上有很多很好的游戏 Mod 可以下载，很多都是免费的。去玩玩。很有趣的。

寻找实习机会

如果你是个学生，去找份相关的实习。你能获得无价的经验和关系。

学习游戏行业的正式途径

我们在洛杉矶的加州艺术学院（Art Institute of California）教授一门叫"游戏行业调查"的课程。这门课程旨在让有志于从事主机游戏行业的学生熟悉游戏行业的创作、技术和商业问题。这门课程试着回答关于游戏行业的 4 个基础问题：

- 游戏行业的起源是什么？
- 这个行业的现状如何？
- 它未来的前景是什么？
- 我如何能够适应它？

　　这门课的很多家庭作业都是"动手玩"，学生要玩某些特定的游戏，记录下他们的体验。客座演讲人会讨论游戏行业的一系列情况，从"经纪人是如何工作的"到"设计师如何想出点子"，再到"市场部门如何决定支持哪个项目"。课程时长 11 周，最后会要求学生创作出一份游戏概念文档，向游戏公司展示。这份文档包括顶层概念、市场概念、独特卖点、游戏玩法概述、玩家视角文档、必要的美术以及提案文档模板中其他需要的内容（本书中提供了这个模板）。这门课程会将学生分为四到五人一组，为他们提供与真的开发游戏类似的经验。这会帮助学生理解在游戏开发过程中不同岗位的定位、责任和所需能力。就像读一本书，如果有人能够一起读，那会更好。你可能并不想要组建一个游戏开发团队，但是学习如何与其他人一起创作游戏仍然很重要，因为你会从中发现不同人的视角之间会有多大差异。

　　课程结束的时候，学生对游戏行业的"大局"会有一个基本的了解，这能够帮助学生进入游戏行业。读到这里，想必你已经推测出来，这本书也有着类似的结构。我们在这里做不了的就是像课上那样强制要求读者完成家庭作业，包括如下内容：

- 两小时的游戏和笔记
- 两小时的网络搜索和其他工作
- 两小时的结课项目

　　显然，你的结课项目应该是利用书中的资源，做出一个游戏设计。我们在这里也要强调如果你现在还没有开始认真玩游戏，也应该开始了。你如果希望为这个媒介创造内容，你就必须理解这个媒介，而要理解游戏如何作用，什么样的内容会吸引人、会畅销、会流行，最好的办法就是玩很多游戏。

　　我们期望上课的学生能接触游戏、游戏系统、书籍等。我们也鼓励学生在项目中合作互助，在自己的工作中承认其他同学的贡献。最后这点不要忘记，游戏是一种合作的媒介，人们记得住谁做了什么。一则古老的娱乐行业的格言是这样说的：你向上爬所遇见的与你向下走遇见的都是一群人。所以，公平地对待其他人，他们也会公平地对待你。

✦ 自由从业者的规矩

这点我们不得不承认，那就是我们打破过这里的每一条规矩。就算你明白，有些事还是会发生。然而，如果你选择做一个自由从业者，遵守这些规矩，你的心态和报酬就会好得多。

按期交付

不要拖稿。绝对不要。绝对绝对不要。

交付质量

你的工作应该有专业质量。你可以发送草稿，前提是标明了"草稿""初版"或"笔记"字样。但是如果你选择把东西完善好再交付，那就可以不这么做了。这只是风格和个人偏好的问题。这里的技巧在于根据客户的喜好来选择怎么做。有些客户喜欢参与到流程里来，而有些只是想要结果。

沟通

你应该开诚布公地说明自己还在做其他项目，因为所有人在他们需要你的时候都会觉得自己的项目有最高优先权。就算你还在给斯皮尔伯格写电影剧本，也不能让别的客户觉得你不重视他们的项目。对于自由从业者来说，最害人的就是大家都觉得你没有认真对待项目。

保持联络

不要莫名其妙地玩消失。就算你不是他们的员工，雇你的人也有权期望能够联系上你。想象一下，如果你联系不上某人，你会怎么想？永远不要让你自己、你的客户或者你的团队成员处于这种境况。哪怕说你要闭关（指我们要集中精力干某一件事才能做出能交付的东西），也尽量及时地回复邮件、接电话。如果你真的需要离开，比方说你要去外地或者遇到了其他什么事情，你要在这之前通知你的客户。

理解细节

你必须理解技术和美术上的细节。没有人期待你来写代码，但是你需要理解程序员的需求。团队也会期望你对于基本的游戏设计有了解。很幸运，这本书就是来解决这个问题的。实际上，游戏设计和游戏剧本写作的差别经常极为细微。

用对工具

工欲善其事，必先利其器。显然，你应该有一台笔记本电脑。除去你的创意，这是你最宝贵的工具。请注意，游戏行业的标准是台式电脑，所以如果你用的是苹果笔记本的话，就比较麻烦。

另外，确保你的网络好用，邮件账户可以发送大容量附件、储存文档和表格（一般对白经常是以表单形式存在），确保你可以运行剧本写作软件（我们用 Final Draft）和 FTP 软件（你得从发行商和开发商的网站上下载文件）。最重要的可能还是，你得拥有或者至少可以拿到你要创作的游戏的主机平台。你需要玩很多与项目类型相似的游戏。你也可以从开发商或者发行商那里搞来一台开发机，这样你就可以试运行游戏的编译版本。

创作归创作，商务归商务

不要把商务问题和创作问题混在一起。如果可能，不要与同一个人讨论项目创作和商务上的事务。如果做不到，那么就一定要把这两类事务隔离开。理想情况下，你可以让另外一个人来帮你处理商务上的问题。他可以是你的律师、你的经理人或者一个经纪人（我们这里三者都有）。如果你只是刚刚开始，一无所有，那么你就需要一个有经验的律师来帮你看合同。这就是作为一个自由职业者的代价，所以要找到一个你可以信赖的人，而且确保你能够日常与他联系。你的律师应该代替你与开发商或者发行商那边的人做商务上的直接沟通，这让你可以专注于项目的创作层面。

✦🎮 如何成为成功的自由职业者

你父母告诉过你要注意个人财务问题，或者他们应该告诉你，这点对于身为一个自由职业者的你非常重要。花费要量力而行，有所储备，这点很重要。如果可能，你应该能够在没有额外收入的情况下生存六个月。工作之后你就应该开始考虑退休的问题，这对才二十出头的人来说可能很滑稽，但是时间过得比想象的要快。

自由职业者在遇到麻烦的时候就会开始接一些不该接的项目，这样做有两个原因：钱很多或者钱不够。

- **钱很多**：有人给你付了很多钱，让你接一个很烂的项目。
- **钱不够**：你实在需要接一个项目来糊口。

如果你对项目没有信心，或者经济上实在有困难，就没法干好活。你会浪费时间，而且更有可能会败坏自己的声誉。

你怎么知道一个项目是不是对的？可以尝试用"派对测试"检验。如果你与你尊重的同事去一个派对，能够很高兴地告诉他们你现在正在做的项目，并且不会说出类似于"说出来你们都不信，他们给我付了多少钱"这种话，那么这就是一个好的信号。你应该能够很自然地告诉他们你在为谁工作，和谁工作。当然，这是在假设你没有签保密协议（Nondisclosure Agreement，简称 NDA）的情况下。如果签了的话，你就没法说太多东西。

✦🎮 游戏行业职业生涯的橄榄球策略

开发游戏是一个很贵的过程。对于发行商而言，做游戏可能会冒着很大风险，他们必须小心行事。开发商必须考虑授权，选择熟悉的游戏玩法，他们也面临着市场营销的典型困难：如何用过去来预测未来。由于这些问题，创新是很局限的过程。然而，大多数有突破性的大卖作品都敢于创新，所以应该怎么做呢？是做一些全新的事情，承担风险，还是趋于保守？你是做投机的工作（冒险投入你的时间，可能的回报也会最大化），还是做有稳定收入的工作，好也好不到哪儿去，坏也坏不到哪儿去？

可能现在我们用美式橄榄球的术语来解释会比较合适。你作为你自己职业生涯的四分卫（美式橄榄球队中的进攻组织者），需要考虑的问题是如下这些。

三码远射

这是指那些短平快的项目。你能从项目中拿到钱，保持状态，有些时候还可以做点突破。在这样的项目里，你可能不得不浪费一档进攻机会。这点并无大碍，你还可以推进三次[①]。我们的手头总是会有几个这样的项目正在进行。这种项目一般都不怎么紧张，组织也比较良好。你可以单凭这种项目就过得很不错。

十码远射

此处指的是那些很棒的项目。这种项目可以磨炼你的技能，让你的简历更好看。它能让你的职业生涯往"前场"推进。这些项目一般时间会比较长，也会比较紧张和混乱，当然带来的名气也会比短期项目更响亮。这些项目在创作上会有更大的回报。

"老天保佑"

这就好比那些最终得分的前场长传，这些项目从根本上改变了你的职业地位和生涯。这些项目里最好的部分从你开始。这就是说，你需要自己提出想法，写下概念文档，求也好，借也好，偷也好，总之弄来你自己的美术资源。惊天一球有三个可能的结果：

- **传球被断**：你完了。
- **传球被截**：有人喜欢你的想法，把球从你的手上偷走，变成了他自己的项目。
- **触地得分**：创作和经济上，你都得到了让人满意的回报。

---

① 美式橄榄球里，在一个回合之中有四档进攻机会，可以推进四次；如果四档均不成功，则需要交换攻防。——译者注

我们管它叫"老天保佑"是有原因的。现实中大多数的"老天保佑"都没能最后达成。但是如果成功，那么最终的回报便是值得的，即使这个过程要长达数年（的确也经常如此）。我们总是倾向于手头至少有一个"老天保佑"项目。

🎮 站在潮头

娱乐潮流也会时时变化。在好莱坞，低成本恐怖电影潮让位于青少年成长电影，然后是科幻片。无论是游戏、电影或者任何别的什么行业，如果你真的想要在这个行业站住脚，那么跟上潮流是很重要的。你必须知道当下的流行趋势是什么，什么卖得出去，什么卖不出去。这是不是意味着你要放弃那个自己一直很想做但已经不再流行的想法？当然不是。我们的意思是你应该想想如何包装这个想法，让它能够跟上潮流而不是抵抗潮流。

请注意，游戏行业与电影、电视、音乐和图书行业一样，都变成了一个"跟风产业"。一个成功的游戏会带起一批山寨版。有些山寨版可能还不错，有一些甚至比原版还要好。你对此有疑问？那你可以找找市场上有多少二战第一人称射击游戏，名字都是三个词，中间都有一个"of"或者"in"。[1] 这都不是巧合。如果你能够意识到这一点，就可以在抓住机会向大家宣传你的"老天保佑"想法的时候赢得先机。

行动练习（白银）——研究当下流行趋势

游戏行业现在的热点是什么？去阅读游戏杂志，上一些游戏评论网站看看，看你能不能抓住当前的"大事件"。它是关于游戏的主题，还是玩法？有没有这样一个游戏出来之后所有人都在跟风？你是否能够扩展或者改良热潮中的某个元素，创造出你想要玩的游戏？写下来，包括你喜欢或者讨厌的热点元素。

---

[1] 此处指《使命召唤》（*Call of Duty*）、《荣誉勋章》（*Medal of Honor*）、《胜利之日》（*Day of Defeat*）、《兄弟连》（*Brothers in Arms*）这些当时流行的二战 FPS 游戏。——译者注

　　所以说，你要如何判断自己手头的这个项目是否值得开发呢？我们会在之后讨论这些问题。你正在做的这个项目可能非常烂，完全没有希望，或者你手头有一个我们觉得很"火"的项目。这两者很难区分，除非你对游戏行业有非常深刻的理解。就算是这样，这也不是一件易事。

让代理人去对付敌人

　　在我们的经验中，真正的坏人在游戏行业里是很少的。显然，我们得定义什么是坏人。我们所说的坏人是说那些欺骗别人的人。他会签下协议，但是并不会执行这个协议。这种人很少，而且也很容易分辨，因为总有种"坏人气场"围绕着他。他们有很多敌人，人们会经常嘲笑他们。与他们打交道的最好办法就是完全不与他们打交道，但现实则是我们总是不得不跟某些讨厌的人打交道。你最好谨慎行事，最大限度上保护自己。这通常意味着你需要律师和经纪人，而且不要过于高估自己的谈判能力。这个数字世界正在日益变得更像好莱坞，这类人的存在也变得更加重要。我们之后会讨论如何联系这些人，现在我们先看一看他们的工作内容。

经纪人

　　经纪人就算没有参与谈判一般也会收取你收入的 10% 作为佣金，除非你能够跟他谈成一个单独的协议。例如：在加州，经纪人 10% 的佣金就是法律规定你必须给的。不过，不同的地方也会有不同的规定，因此如果你对经纪人给你安排的工作有什么疑问，一定要查查你所在地的法律规定。有时候你会拿到一个打包协议，这意味着他们不会从你这里拿到分成，而是从达成交易中分成。这种做法之前并不常见，但现在也开始流行起来。一个经纪人的工作内容如下：

- 帮你找活儿；
- 帮你谈合同；
- 为你的职业生涯提供建议；
- 帮你起草合同；

- 帮你要账；
- 宣传你的名字。

经纪人为你工作的同时也会获得声望。你越重要，他们的声望也就越高。

律师

相比之下，律师负责你的合同。他会就合同里细小但是重要的部分进行沟通。律师同样会处理你的生意中可能出现的烂账。然而，大多数律师不会为你做诉讼业务。如果你有需要，就要去找诉讼律师。律师的收费要么是按百分比算（5% 起步），要么就是按小时收费，要么按案件收费。你在谈生意之前要对律师的收费有个大致的了解。律师费可能会吓你一大跳。不要做那种只是草草浏览合同的人——认真研究合同。

跟经纪人一样，你越有名，你的律师在行业里就越有名。

经理人

请一个经理人怎么样？这些人介于经纪人和律师中间。他们不像经纪人和律师那样需要执照。你一定要跟经理人有一份清晰的协议。有时他们会想与你的项目绑定起来，这在谈协议的时候就有可能出问题。然而，有个人在外面宣传你总是好的。你要小心，但也要相信自己的直觉。我们很幸运，能够与业界最棒的经理人之一一起工作。

🎮 谈成代理协议

请经纪人或者律师没有定律。最简单的办法是拿到一份经纪人名单，一个个发邮件告诉他们你是谁，你需要一位代理，你想让他们看看自己的作品。很多经纪人只考虑代理那些被推荐给他们的潜在客户，所以在你这么干之前，将这类经纪人移出你的名单（除非你是他们的潜在客户，如果是这样的话，你就得好好利用起来）。这会让你避免面对很多不必要的拒绝。

这里最关键的事情是你得有一些很好的作品可以展示。如果你是一个游戏编剧，你应该能够给他们一份样本剧本，或者前期概念设计文档。你要给他们发送你做过的任何作品，提到你做过的任何工作。

再次强调，每个人都在寻找下一个大明星。找到代理人后，你应该更好地组织你的工作，而且保持专业。你的作品应该能够让你的经纪人很高兴地为你宣传，最好还能够卖出去。

如果你遇到了一个经纪人（或者代理机构）想要代理你，你要确保自己花了时间去了解他们。你们可能会在一起工作很久。你可以问自己这些问题：

- 你喜欢他们吗？
- 你能不能很轻松地与他们交流？
- 他们手上有没有合适的项目？
- 他们之前做了什么工作？
- 你是否能够信任他们？
- 他们还代理了谁？
- 他们接不接你的电话？

你可以咨询一下你们未来的关系是怎样的，职业规划建议有哪些，他们觉得你哪些方面有价值。这些都是很不舒服的问题，但是是必要的。

通常情况下，你与经纪人并不会马上建立正式的代理关系。一般来说，你会成为他们的"口袋"客户，即他们非正式地代理了你，会看你日后能发展成什么样。如果这听起来很奇怪，不妨从你的代理人的角度想一想。无论你的经纪人多么想要"像家人一样"照顾你，向你提供免费的咨询，他们毕竟还要负担车贷、房贷，（几乎肯定）比你有更多地方要花钱。对于经纪人来说，他们最好的做法是在你身上看见真正能赚钱的潜力之后再投入。

如果你不能决定代理人，在网上搜索一下。网络上有很多有用的信息。

- 回忆一下你对他们的第一印象。你是否喜欢他们？他们给你的感觉对不对？
- 任何时候你与某人谈生意，你都可以做一个我们称之为"人品测试"的测试。你需要动用自己的个人关系，打几个电话，发几封邮件，问他们这样的问题："我在考虑与霍华德·斯班克谈一笔生意，你觉得他这人怎么样？"你可以从中得到很多信息。此时，你的工作就是从中辨别、筛选。

- 将你的骄傲收起来。有些经纪人会对你的天赋和"钱景"直言不讳。优秀的经纪人则会提供建设性批评。请记住，他们最感兴趣的就是你获得成功的可能性究竟有多大；如果他们觉得在你身上挣不到钱，他们根本就不会与你谈话。

你要明白一点，一个人生气的时候比愉快的时候声音会大很多。你要发现规律，运用你的智慧。求神拜佛一下，然后行动吧。

🎮 编剧与游戏行业

让我们把时间倒退 30 年。很多游戏是由一个人放学后在他的卧室里开发出来的。我们姑且叫他麦基。他把自己的游戏放在塑料袋里，带到电脑爱好者展会上叫卖。他把游戏分发给朋友们。麦基建立的正是一个行业，尽管那时他还不知道，他只是想要与大家分享他的创意和热情。这或许能挣个十块八块的。游戏是他选择的媒介，而他的有些游戏确实很好玩。这意味着更多人想要玩这些游戏。突然，麦基发现自己进入了游戏行业。现在，他需要一个人负责美术，可能还需要一个人来接电话。由于电话并不是那么经常响，麦基找了一个在大一上过创意写作课，能够写出需要的那一点点随便什么对白，能为剧情帮忙或者给主设计师打下手的人来兼职前台。

这个"家庭式"产业大踏步地前进，逐渐变成了我们今天所知道的游戏产业。但是开发团队能够搞定剧本和故事的想法一直没有变，直到外部环境发生了变化。而外部因素的变化主要是这些：

- **游戏变得更加精致**：游戏逐渐能够在复杂程度和视觉层面上与其他娱乐类型竞争，玩家开始期望游戏的剧本和故事能够赶上其余部分。一个故事驱动的游戏意味着人物的情感投入、现实感、令人信服的对话和引人入胜的情节等传统元素现在必须被纳入考虑范围。

- **游戏的授权问题**：当整个行业开始严重依赖于授权（电影、电视剧、漫画改编游戏等），这个行业就必须和传统的娱乐业打交道。版权方之前的工作对象是专业的演员、音乐人和作家。当一个游戏围绕着大型的国际化娱乐巨头王冠上的明珠打造的时候，版权方点头就成了一个问题。随着这些游戏的预算增加，增加人力投入变成了普遍现象，专业的叙事者加入战局是非常自然的结果。版权方需要那些价值亿万的人物和系列在游戏中得到很好的呈现。

一个很好的行业现象是大家的思维方式也在改变。专业的叙事构建的价值逐步被认可。我们与一些很厉害的团队合作，他们也正在拥抱这样的挑战，努力将他们的游戏叙事技巧提升到更高的层次。我们遇到的阻力主要来自如下的某个方面：

- **成本**：雇一个有水平的编剧比一个关卡设计师贵很多。
- **控制权**：开发商对控制权很重视。话说回来谁不是呢？让某个外人掌握一个很重要的创作元素对体系是一次冲击。
- **对开发商的纵容**：开发商和发行商间有一种复杂而且某种意义上有害的关系。发行商不喜欢得罪开发商或者对他们动手动脚。如果编剧加入项目是版权方的要求，那么摩擦不可避免。
- **对游戏剧情和人物的天然抵触**：其中的原因有很多。游戏刚出现的时候，故事有跟没有也没什么差别。很多游戏行业的老手都相信这种情况是应该的，不然为什么所有人都跳过游戏过场？
- **这应该是我们的活**：开发商过去会在团队里找人写剧情。这种内部解决问题的愿望仍然存在，尽管开发商和发行商也都开始认识到专业、强大的叙事内容的价值。尽管我们的工作的一大部分是授权内容，现在的开发商和发行商也投入了更多的努力开发原创 IP。做一个游戏已经不够了，你必须做出一个系列。这就是编剧的机会。

一旦你理解了编剧在行业中的现状，避开陷阱就变得更加容易。接下来我们要讨论的就是希望你避开的一些陷阱。

徒劳无功的活计

这种没有希望的工作有好几个说法：徒劳无功、捕风捉影、垃圾工作等。所有编剧都会偶尔接到这种没希望的活，但是也有方法去避免这种情况，或者至少最大可能地避免损失。

如果我们怀疑事情不太对劲，我们基本上会注意以下的特征。我们姑且称其为"烂事信号"：

- 这个说自己投资了该项目的人之前从来没有从事过这个行业。
- 资金并没有到位的迹象。
- 一些不合适的人出现在了项目中。
- 只是感觉非常不对劲。

我们遭遇到这种情况的次数多得记不清。我们为某些项目花了极多的时间和精力，最后什么都没做成；有些时候则是合作关系因此破裂，好的创意被浪费，这比什么都没做成还要糟糕。这种徒劳的工作会有各种各样的形式和规模，通常会以下面的这些形式冒出来：

- "我知道这个家伙很有钱，而且一直想要做游戏（电影或是音乐专辑）。我们只需要给他提供一个设计（或者剧本）就可以开工了。我们能够控制所有事情。他只想要一个制作人的名头。"
- "这里有个日本开发团队，他们的游戏出了测试版本 6 个星期之后被取消了，现在整个团队没事可做。我们可以简单地把这个游戏改头换面，加点新内容，主角模型换一换，另找一个发行商卖掉。肯定没问题。"
- "这个 IP 非常好，只要我们能免费弄一个设计出来，就能拿到。"
- "好吧，我承认这个排期有点离谱，而且资金也不算充裕，但是，我们是哥们儿不是嘛。想想看最后做成你能拿到的东西。不会有问题的！"

嘿，JOE

信不信由你，就算是很有经验的编剧（包括我们）也会落入这些坑里面。

我们之所以会这样是因为这些坑实际上"会有机会"（Just Often Enough，简称JOE）有所产出。一个典型的 JOE 会是这样的——你开了几个会，写了几页说明出来。你可能还与掏钱的人碰了面。他肯定是个很可疑的家伙，掏了请你吃午饭的钱，你相信了他。实际上是你想要相信他。

几个月过去了。什么事都没发生。你问这个项目是什么情况，发现自己被要了，最后终于知道了（从另一个人那里）："哦，那个家伙是个骗子。"

随着你的职业生涯向前，你会碰到更高等级的骗子和更典型的坑人项目。你会在正经的机构里见到正经的家伙，有正经的名声，但他们想要你免费给他们干活。很多时候，你不得不干。毕竟，如果他想要用这个项目说动他老板（而且每个人都有老板），他得向老板先展示一些工作。这里的问题是，如何平衡这种情况，不至于超出你的控制。

就如同刚才我们所说，我们做 JOE 项目的唯一原因是：偶尔真的会有眉目。

但凡你有点创作经验，就知道自己会遇见很多有趣的人。有些人想要从你这里拿到一些东西……大多数情况，是钱，但是并不是你想的那种方式。实际上，他们想要你免费替他们干活。他们想要你写作，想出点子和内容，可以用在他们的项目里。然而你明明知道这点，你还是会去做，因为 JOE 项目偶尔会真的有回报，但并不是以你能想得到的那种方式。举例来说，项目没成，但是跟你一起给这个很扯的 JOE 项目干活的人现在是个大发行商的制作人，刚刚知晓团队在寻找一个编剧。他有没有认识的人？于是，你的电话响了。

这里是我们运用的一些基础原则，能用于判断是否应该接下一个 JOE 项目：

- 不要接一个你不想接的项目，除非回报非常诱人。
- 对工作施压。如果你感觉自己是唯一一个还在干活的人，就不要继续干下去了。很多长期成功的编剧会告诉你除非有剧本，不然别干。
- 报一个时间和精力的预算给你预期的雇主。依我们的经验来看，任何可能有意思的项目都值得进行 3 次碰面、做出 5 页策划案，或者二者选其一。这之后一定要有一个明确的信号。这些都得在事前说清楚。
- 离钱越近越好。你要试着与有决定权的家伙碰一面，知道什么时候自己能拿到钱，你要让他承诺一个你可以接受的付款时间。

- 确保所有人都清楚，在付款之前，你拥有自己的作品的所有权。换句话说，除非你拿到钱，你创作的内容仍然在你的掌控之中。当你碰到的是授权内容、合作创作等方面时，情况可能会非常微妙，但是你能够最后搞定。
- 如果你该退出了，不要犹豫。

从 JOE 上获得收益的方式还有一种，就是拥有你自己的创作。你会惊讶于旧项目会一直冒头。实际上，一个好想法就是好想法，想法的保质期非常长。

眼光放长远

你在真正成功之前都需要不断工作以找到下一份工作。这里没有捷径可走。这意味着你在这一分钟会是一个雇佣兵，下次会是一个困难的创作者，然后是一个概念设计、一个枪手、一个咨询顾问、房间里的第三作者、一个靠得住的家伙，直到最后，如果你很幸运，也足够有天赋，就会成为重量级人物。

反过来，你将自己的时间和精力投入到某件事上，就会留下自己的痕迹。所以你必须问问自己，你是否想要这些痕迹。对于任何以写作为生的职业，包括在游戏行业中，你的眼光都要放长远，考虑你之后几年的职业生涯会变成什么样子是件大有裨益的事情。很不幸的是，很多人不会这么做，通常情况下，他们几年前做的项目会反过来拖他们的后腿。

这点在游戏行业加倍重要。在好莱坞，你做过的项目经历可能延续十年还管用，而游戏行业保质期则只有几个月。没有人关心五年前的项目经历。两年是项目经历最长的保质期。

"交会费"

如果你想要成为一个游戏编剧，你需要一份游戏剧本模板。你需要展示自己有能力做这份工作，才会有真实的信誉。这个游戏剧本就是你进入"俱乐部"的入场券。这个俱乐部要求你能够"交会费"，这意味着去获得经验。没有人喜欢交费。所有人都想要绕过去。我们天生就会去寻找捷径。读这本书的过程就是一个绕路的过程，你做出了大多数有抱负的编剧不愿意做的承诺。如果你还做了这些我们列出的行动练习，你就又前进了一步，离成为一个专业人士更近了一步。

很多人以前是设计师、制作人、总裁、营销等，他们安装了一个剧本格式软件，突然就变成了编剧。有趣的地方是这些人还真的能够控制剧本，甚至最后搞定一切。有些时候这样做的效果非常好（游戏行业里有一些很好的编剧、设计师并没有做过其他媒介的工作），但是更多时候只会惨败。你开始写你的第一个剧本的时候，就会明白写作是一个困难的工作。专业编剧知道磨炼他们的技艺经常是孤独的事业，而在这样一个主观的行当里有太多人对此有奇奇怪怪的想法。这很让人头疼，同时也非常让人满足。

很有趣的地方是，平衡满足与挫折既适用于玩游戏，也适用于开发游戏。所以要准备好面对挫折和兴奋，同时不要忘记你入行时"交会费"的必要性。

第 *14* 关

关底：总结

🎮 跳出肥皂盒

　　游戏剧本和过场动画很多时候看起来很业余，老实说就是因为它们的确是一些业余编剧的作品。并不是每个在 20 世纪 60 年代晚期从电影学校出来的大胡子都能变成伟大的电影人。同样，并不是每个电脑上装了 Adobe Premiere 的人都是一个好的剪辑师。剪辑是一门技术，需要几年的时间来学习。如果做的人业余，那结果也会是业余的。同样，如果配音的人是业余的，那么配音的效果最终听起来就是业余的。如果你有业余的制作设计师或者编剧，情况也一样。

　　问题是人们花 15 美元买一张好莱坞大片的 DVD，也花 15 美元买你的游戏，他们期望得到的不是一个业余作品，而希望物有所值。作为一个产业，我们应该保质先于保量。如果人们愿意花费 20 美元看一部 70 分钟的电影外加一个小时的有趣幕后，他们也会为了 8 小时的游戏以及在线多人模式和重玩价值花上 50 美元（你可以这样安慰自己：人们可能更乐意花上 50 美元去看一部晚间电影，这个钱可能还不包括停车费、晚饭、幼儿看护和爆米花）。

　　我们的重点是必须保证自己的产品品质上乘。一块钱玩一个小时游戏的时代已经过去了，那时与我们竞争的是幼儿看护。孩子们长大了，他们还会玩游戏，但他们的时间很宝贵。他们要的是质量，不是数量。这听起来很奇怪而且反直觉，但是对于游戏来说，最好的赞美反而会是一句"这游戏真是太短了"的抱怨。这意味着你让他们想要得到更多游戏体验，对于有经验的玩家是一种少见的情况。正常的情况下，他们在受到挫折或者喜新厌旧的时候，就会放弃一个游戏。

玩法和内容的目标始终是更好的游戏体验，而不是非得要更长、更多或者更有深度（当然这几样也不互斥）。没有人会抱怨他们花了50美元买这个游戏，只要你能够给他们几天愉快的体验——特别是更成熟的玩家，因为他们除了游戏，还有别的事情要做。

毕竟，作为一个产业，如果玩家仍然是之前那群二十多岁，有着大把时间，能够没日没夜玩游戏的没人管的群体，那么我们有的不过是一个小型的边缘产业。当然，我们仍然面向这些受众。他们是我们的核心市场，开发出伟大的游戏吸引他们仍然是我们前行的动力。然而电影和电视行业会告诉你，年轻受众群体的消费能力是有限的。他们要买车，买电视机，买音响、iPod或者DVD，付房租，下载铃声和音乐，去看电影、看比赛，还要从他们干瘪的钱包里掏钱约会。

坦白地说，我们希望能够吸引其他的玩家。我们考虑的新的受众群体是这些人——他们比起青少年有着十倍的可支配收入，也有大把的时间。老人！有些人真的参加过二战。也许他们会尝试一把《使命召唤》？这种情况肯定很有意思。

另一个群体基本被忽视了，然而他们有需求，也有购买力，那就是爸爸和孩子。我们两人都有五到十岁这个年龄段的孩子。跟他们一起玩游戏很有意思，但是市面上合适的游戏真的很少。我们明白，某个市场部门的家伙会找些借口，告诉你为什么你不能面向这个市场，但是电影行业似乎对此并没有遇到什么困难。谁能够否认CGI电影的爆发不是建立在爸爸妈妈带着孩子们去看一部类似于《怪物史莱克》（*Shrek*）、《海底总动员》（*Finding Nemo*）、《马达加斯加》（*Madagascar*）、《超人总动员》（*The Incredibles*）、《篱笆墙外》（*Over the Hedge*）、《汽车总动员》（*Cars*）这种全家都不会讨厌的电影上？《聪明兔系列》（*Reader Rabbit*）已经过时了。想要找一个评级为E或者T的游戏非常困难。这意味着每年我们自己都少花了几百美元在给家里买游戏上面。所以，这些对于游戏写作意味着什么？很多。我们需要做更多的实验。我们需要接受这样的结论，即我们是一个正在成长中的不成熟的产业。我们所处的阶段就好比是电影产业才进入有声电影的阶段。我们刚刚明白，自己不需要在拍电影的时候像在给舞台剧录影那样把放映机固定放在第八排中间。我们学会了倾斜、横扫、放大、推移摄影机。我们学会了使用广角和特写镜头。我们的受众就如同早期的电影观众，仍然惊叹于电影的魔术。

游戏已经在技术和艺术上获得了惊人的进步。然而，总的来说，设计和叙事作为游戏的核心内容并没有达到与前者相同的水平。游戏仍然围绕着类似"打碎箱子"的机制设计，而游戏剧情仍然是那种老派的英雄故事——棱角分明的下巴，宽肩膀，前雇佣兵，独来独往，名字听起来很酷，他发现了一个只有他才能阻止世界毁灭的阴谋。在这里我们没法站在道德制高点上，因为我们也为了房租钱一遍又一遍地重复创作这样的角色。创造出一些完全不同的东西还能叫好又叫座，对于游戏行业是一个挑战，也是我们得到的"圣杯"。我们对此很乐观，因为我们会见到越来越多的冒险，这证明行业在继续成长，还有新鲜血液。

我们希望这些新鲜血液中就包括你。

行动练习（黄金）——终极挑战：你的名片

冒把险。给你之前从没有见过或者玩过的游戏创作一份文档。把你学到的所有东西都放进去，这个游戏概念必须做出来，因为它很棒。投入时间和热情，你或许会惊讶于自己的才能。你把它做出来之后加以利用，就有了能够给人看的具体的东西。这就是你的名片。而且你现在知道了，如果你能够干成这件事，你就能够再做一遍、两遍、三遍。

⊹🎮 下一步该怎么走，取决于你自己

我们作为一个行业要往何处去？我们有很多想法，而且游戏行业也有很多明确的方向：极端现实主义，按章节推出内容，网络发售游戏。但是游戏归根

结底还是一种娱乐形式。今天流行的与明天流行的不会雷同。游戏类型起起落落。就当每个人都觉得自己看清楚了形势，惊世游戏就会出现，将整个行业调转方向。

所以我们不会说你的想法跟我们的一样好，因为我们相信，我们的猜测有我们的经验支持。但是这不说明我们必然是对的。实际上，你的想法可能会是某种预言，因为你将会是那个给游戏产业引入全新类型的人。那个没有先例的惊世游戏可能会是你做出来的。

游戏直到最近才走出了它的青春期。我们度过了借鉴其他媒介经验的幼年时期，开始进入一个黄金时代，游戏牢牢地建立了它作为一种欣欣向荣的独特媒介的基础。这个时代开始于很多目前大热的系列作品。游戏已经不再被视作大胆创作和快速赚钱的行当，现在人们也认可游戏的艺术价值。

我们在写这本书的时候也在做好几个项目。我们在一个项目里争论着玩家是否可以接受隐藏主要角色的关键信息的问题。换句话说，我们想要搞清楚，如果玩家发现他所扮演的角色有着一个跟我们告诉他的完全不同的动机，他会不会感觉自己受到了欺骗。每个人都有不同的想法。我们认为这值得冒险，而且我们打算保留这个反转。冒险就是这本书的主题之一。

我们是整个行业的"台前"。身处"台前"的家伙们会觉得冒险很酷，但是身处"幕后"的人面对着营收的压力，想要一点点安全感。值得思考的是，冒险更有风险，还是不冒险更有风险？这在娱乐产业里是一个永恒的难题。

在另一个项目里，我们想要搞清楚究竟要揭示这个神秘、朦胧且带点恐怖元素的世界中的多少内容：是揭示所有秘密好，还是只是用一点点线索勾引玩家而不完整揭露更好，又或者玩家会不会感觉自己被骗了然后就放弃了？我们还在围绕着一个电影剧本做游戏——我们努力在每个部分拓展故事的边界。我们想要这个电影故事作为游戏背景，充当环境叙事，但是我们努力不去破坏设定。也就是说，游戏会是电影的伴生，但是不要去复制那些电影比游戏做得更好的事情。

所有的这些项目都带来了非常酷的挑战。一个成功的解决方案在每个案例中都依赖一个非常聪明、非常努力的团队去制定并执行很多对的决策。

在写这本书的过程中，我们的感觉就是：你是我们的合作伙伴。所以我们现在一起抵达了游戏的最终发行阶段。我们希望最终能够激发你的创造力，给予你必需的工具和地图，让你能够进入游戏空间，开始自己的一段旅途。我们希望能够与作为一位设计师、编剧、创意总监，甚至是我们的竞争对手的你在这段旅途上相遇。谁知道呢，没准我们能够一起工作。

现在，去做一些真正惊为天人的游戏吧。

游戏行话

这是一个游戏行话列表，你可能会觉得有用，其中很多在业界是标准说法。另外一些则是我们在这些年中自创的说法，能帮助我们快速定义那些在游戏开发过程中经常遇到的问题和元素。

007 Moments　007 时刻
提升体验的元素。一种当你发现时能给你某种特别的夸夸反馈（参见第 232 页"Attaboys"一词）、动画画面和得分的游戏元素。

AAA Game　3A 游戏
业界对顶级游戏的称呼。我们可以将其分解为 A 级艺术设定（图像和故事）、A 级玩法设定以及 A 级程序。

Ability Progression　能力增长
游戏中的系统在玩家完成了特定任务（击败反派、完成关卡、完成小游戏等）后让其掌握新的招式、获得新的角色特性或者提升角色性能（跳得更高、血量更多等）。

Acid Test　决定性测试
一种让我们在执行创意之前先测试这个创意的方法。

Adrenalizer Scene　肾上腺素注射场景
加点刺激元素以防节奏变慢的场景。

Alignment Chart　阵营九宫格
所有的角色将被安排到一个 3×3 的九宫格阵营表中，分别对应善良、中立、邪恶，以及守序、中立和混乱这两组特质的组合。它出自《龙与地下城》，是一种建立和定义人物特质的非常好用的方法。

Alpha，Beta，Gold　青铜、白银、黄金
这是游戏制作的三个主要的里程碑。青铜阶段：游戏已经基本组装完毕，但是设定、玩法和关卡仍然在调整之中。白银阶段：

游戏已经完成，现在的任务是进行测试，找出漏洞，微调游戏机制，处理任何最后一刻前需要的改动。黄金阶段〔也叫黄金母带（Gold Master）〕：游戏完成。请注意这并不一定指游戏已经完全敲定，一些游戏在黄金阶段之后仍然会调整。

Ammo Hunt　寻找弹药

一种特殊的游戏过程的简称，即搜索游戏道具和能力提升的过程。

Amphetamize　刺激剂

肾上腺素注射场景的结构形式，也就是在故事中刻意增加紧迫性。比方说倒计时就是一种刺激剂。

Animatic　动态分镜

一种简单的动画分镜，根据需要加入对白、音乐和音效，旨在让人明白最终产品的节奏是什么样的。

Arcader　街机小游戏

在一个大型的非街机游戏中引入的街机风格小游戏。

Ass Cam　臀部镜头

从身后视角跟踪的镜头（一般是身后低视角）。这是第三人称动作游戏的标准视角，比如《古墓丽影》。

Attaboys　夸夸反馈

玩家完成了某事之后出现的小型庆贺元素。

Auricular Gameplay　声音游戏

基于声音进行的游戏玩法。

Axonometric　顶视

游戏中所有的视角都是顶视视角，场景都是平面 2D 的场景。这种视角一般出现在非常抽象的战棋游戏或者军事模拟游戏中。

参考等距视角。

Backhook　意外收获

玩家在游戏前期进行的选择给后续关卡所带来的出乎意料的报偿。

Barneys　宋兵乙

可以随意消耗的游戏角色。来自《半条命》中各种保安的人物模型。

Beats　故事节拍

故事节拍是单独的情节元素，它们组合起来构成一个大的故事。

Bitching Bettys　唐僧

在游戏过程中冒出来的角色，用来推动或者引导玩家去完成一些特定的动作，同样可以用作警告装置。

Blowpast　强推

游戏中能够让玩家强行通过一个他无法完成的关卡或者挑战的机制，这样他就不会卡在游戏的某个关卡中。

Blue Shoes　蓝鞋子

如果你在为一个客户做项目，你交付的内容必须是合乎他们想法的版本，就算你觉得自己有个更好的想法也不行。"你看，如果客户要的是蓝色的鞋子，你就别试着给他们塞红色的鞋子。他们不想要你的红色鞋子，他们想要蓝色的鞋子。"

Blueprint Copying　换皮

此处指"让我们来'抄袭'一下这个游戏，但是我们得换掉这个科幻冒险的皮，把它做成西部风格"这种创意过程。

Bond Sense　邦德视角

这个名词诞生自邦德系列游戏之后。玩家可以通过这个模式进入一个有别于角色的视角。该视角将为玩家提供必要的信息或者有趣的任务。这个模式能非常优雅地将玩家和詹姆斯·邦德本人区别开来。

Botox Effect　拉皮效应
真实演员和逼真的角色之间仍然存在的差异。

Branch　游戏分支
游戏中脱离故事主线（最佳路径）的部分。

Branching　多分支结构
交互式冒险游戏中的术语。在这个结构中，故事会根据玩家的选择导向不同的结局或者情节发展。

Breaking the Game　破坏游戏
玩家在游戏的设计、AI 或代码中寻找到弱点，让他们能够用一种非预期的方式胜利。有时候这也会变成自发行为，比方说《小行星》中你控制飞船躲在角落里打。

Button Masher　按钮捣碎机
你在这种游戏里不需要学习招式技巧，只需要随便按键就能通关。

Call-Outs　指令
给玩家提供方向的对白。

Camedy　假幽默
此处指假装幽默。你应该在小孩的漫画书里见过。指书中所有角色都被某些看似搞笑，实则只是为了表现这件事有趣的东西给逗乐了。

Camera Logic　镜头逻辑
镜头背后的动机。杀手的视角、旁观者的视角、老师的视角等镜头的顺序就构成了叙事。

CGI　计算机生成图像。
computer-generated imagery 的缩写。

Character Adventure　角色冒险
玩家控制一个特定的、标志性的角色进行冒险的游戏类型。

Cheats　作弊码
玩家输入就可以赢得游戏、获得道具或者升级的代码。作弊码能用来在开发过程做测试，也会留在游戏里让玩家去发现。

CIG　"听上去不错"型决策
"听上去不错"即"开会的时候听上去不错"。它指的是那些讨论的时候感觉不错，但实际上要么没有意义，要么所有人都很喜欢但却根本实现不了的更糟糕的情况。

Cinematic　过场动画
游戏的叙事段落。一般情况下玩家会失去部分操作性。

Cleansing　清洗
清洗的意思是你必须浏览一遍剧本或者文档，清洗掉所有的创意痕迹（一般为了清权）。这可能需要你改掉所有的角色名、地点和描述。这样做是用来应对"克林贡人"或者避免挪用其他创造者的权利。

Clingons　克林贡人
指某些死抱着某个项目，但是没有权利这么做的人。

Clown Car　小丑车
在游戏里用来不停给主角练手（电影里也会有）。

Collectable　收集品
玩家在游戏过程中可以捡起来用的物品和

对象，比方说弹药、血包、增强剂等。

Combos　连招
一系列可以完成更加强大的攻击的招式。

Completion Rate　完成度
衡量玩家完成游戏的程度。

Conceit　设定
游戏里需要玩家发自内心接受的想法。比方说，一个游戏的设定可能是总在下雨。

Concept Document　概念文档
一个阐述了游戏的基本机制、设定、样式、情感、情节、世界观等元素的简短文档（大概 10 页）。

Conditional Objective　条件目标
为了做 X 事件，你得先完成 Y 事件。例如为了开一扇门，你得先找到门卡。参考"锁—钥匙"机制。

Conseqences　后果
玩家之前所做出的决定会在之后的故事中影响到他。这也表明游戏世界是有记忆的。

Co-Op　合作模式
多人游戏中，玩家组成一队对抗电脑，也称合作模式。

Critical Path　关键路径
一个多分支结构游戏里的主要故事或游戏路径，同样适用于游戏开发中描述项目完成所必须执行的主要路径。

Cut-Scene　剧情画面
与过场动画（cinematic）类似，但是更多情况下使用引擎实时渲染，也被称为"游戏内动画"。

Death Equivalents　"死亡情节"替代元素（另请参见"暴力情节"替代元素）
在面向儿童的项目中，我们会加入一些元素避免展现死亡场景。比方说，在《特种部队》里，飞机被射下来后，接的场景是坏人都乘着降落伞跑掉了。

Deliverables　交付作品
项目开发时必须交付的实际工作。

Denting the Batmobile　破坏蝙蝠车
胡搞神圣的东西。

Design Document　设计文档
游戏开发的蓝图。开发过程中会有很多的修改和迭代工作。

Destructible Environment　可破坏场景
在关卡内可以破坏的场景。

Developers　开发商
实际制作游戏的公司或团队。

Diamond Branching　钻石分支
游戏中的一个短分支，进入之后会很快回到主线，是一种数量非常有限的分支类型。

Directed Experience　有引导的体验
玩家拥有控制权，但是整个游戏采用的是一个在已经确定好的情况下给予玩家丰富游戏体验的线性设计。

Design Wanker's Useless Concern，简称 DWUK　设计师的无用想法
指设计师没用的想法（与 L.I.N.F. 有一定关系）。设计师顾虑了太多没有实际意义的事情。

Dynamic Music　动态音乐
音乐随着环境或者情况的变化而变化，没

有固定顺序。

Elevator Pitch　电梯推销
一种你可以在电梯里与一位总裁或者制作人说完的非常简短的推销方式，例如："X元素和 Y 元素组合起来做个游戏，你有没有兴趣？"

Emergent Gameplay　自发玩法
事情并不总是按照设计师的构思来发生。有些时候玩家会找到一个很有趣但你从来没想过的办法来折腾游戏，有些时候他们会想出一个办法来破坏游戏，有些时候一个漏洞会变成特性。

Engine　引擎
所有游戏都有的代码结构。引擎有很多分类，比方说物理引擎和图形引擎。

Event Trigger　事件触发
一个动作、地点或者对象触发了一些新的事件，让游戏剧情继续前进。

Exposition　展示
用来构建故事、世界和角色的信息。

Extrinsic Value　衍生价值
在游戏之外用来提高游戏体验的东西，包括网页、漫画、营销活动等。

Eye Candy　眼睛糖果
漂亮的图像和美术。

Faux Pitch　虚假宣传
在宣传中听着很不错，但是实际上会因为各种各样的原因没有办法实现的点子。

Fear Object　恐惧对象
在故事中指角色害怕的事物。在项目开发中，它是你在项目中害怕的事物。参考"保护创意"。

Feature Creep　特性蔓延
在游戏开发过程中额外加入的玩法元素。这个词绝大多数情况下用在贬义语境，用来表明团队和设计失去了重点。

Feedback Loop　反馈循环
你按下一个键，一些有意义的事情发生了。你理解了发生的事情。重复这个过程。

Fetch Quest　跑腿任务
让你去跑腿拿东西的任务。这是最基本的游戏设计元素，而且很乏味。

First-Person POV / 1st-Person　第一人称视角
游戏以角色的视角来展现，就像通过他们的眼睛观察周围环境，为玩家创造一种他和游戏角色是同一人的感觉。

Flow State　心流状态
你达到某种状态时就不会注意到时间的流逝，同样称为"心流区域"。

Flushed　冲走
没了。从设计里删掉了，游戏里没有了。"监狱这关被冲走了"。

Full-Motion Video，简称 FMV　全动视频
指交互式真人视频。

Foo　某某
创作人员所不需要了解的技术术语。

Force　原力
让玩家按特定的方向走或者进行特定的动作，然而又维持玩家自由选择的幻觉的某种魔法和艺术。

Fractile Rewrite 分位重写

系统性地过一遍剧本，搜索某个特定的元素——比方说一个角色，然后重写。

Freeze 冻结

即停止修改，可用于代码、美术、设计、特性。一个游戏到了代码冻结状态，游戏引擎就不再增加或者删除元素了。同样也称为"锁定"，比方说"特性锁定"。

Fun factor 乐趣元素

顾名思义就是"没错，这个设计想法很酷。但是玩家真的会觉得这有趣吗？乐趣元素是什么？"等相当普遍的问题。

Game Logic 游戏逻辑

游戏逻辑决定了游戏中所有的功能必须都是有意义的。

Game Objective 游戏目标

手上的任务，玩家要做的事情。

Gamer Pride 玩家骄傲

在游戏设计中增强玩家能力的行为。

Giant Rat of Sumatra 苏门答腊巨鼠

一个系列作品中让人好奇、悬而未决的故事。这个术语是致敬《福尔摩斯》系列。

Gibs，家禽下水（Giblets）意译而来 下水

角色被击中的时候飞起来的身体部分。

Glavotch 格拉沃奇

过分复杂的发明。

Gornished 老古董

过时了但并不完全是一堆垃圾的东西，大家就是不喜欢或产生了审美疲劳。"之前还挺火的，现在这个东西过时了。"

Granular 颗粒

用最小的细节来解释更重要的问题。

Grognard 老兵

战争游戏玩家。

Grok 意会

你如此清楚地理解某件事情，甚至都不用去思考。

Grounding 接地气

将游戏设定得容易理解。比方说设定游戏发生在一个熟悉的世界，里面都是熟悉的角色，也是熟悉的游戏类型。

Hack and Slash 清版

打穿一波接一波的敌人。

Hat on a Hat 叠床架屋

一个概念里塞了太多点子。一个角色戴着牛仔帽可以让他看着像个牛仔，但是牛仔帽上再戴着棒球帽，那他的样子看上去就有点不太聪明。

Head Turn 转头

角色在场景里转头去看某个可能有意义的对象，也是另一种用来让玩家知道要去注意某个东西的办法（让玩家注意一个动作的微妙的指示）。

Hoppy-Jumpy，Platformer 跳台子，平台动作

要求玩家从一个平台跳到另一个平台的游戏（《狡狐大冒险》《古惑狼》）。

Hot Spot 热点

指玩家或者指针移动到某个会触发特定动作的特定区域。

Idea Diffusion　创意稀释

基本创意在开发后被弱化。

Idea Drift　创意漂移

失去了设计和故事，或者二者之一的核心元素，加入了太多的点子。

Illusion of Freedom　自由幻觉

优秀的沙盒游戏会试图给你这种印象。这个世界总是一个幻觉，限制和拘束总是存在的。你不可能走进所有的建筑，这个世界有边界，逐渐你发现挑战只有这么多，台词也只有这么多条——如此往复。

Inevitable Game　不可避免的游戏

游戏一定会被制作出来，一旦最初的兴奋消退，时间表和预算的现实就登场了。

Instant Fun　即刻乐趣

拿起手柄、开始玩带来的乐趣。

Interface　界面

图形游戏的惯例，向玩家提供信息，帮助他与游戏互动。例如血条、弹药计数器、地图等。

Inventory　物品栏

角色携带的物品。

Invisible Ramp　隐形曲线

玩家继续玩下去，游戏变得越来越有挑战性。这是设计基本原则之一。

Isometric Camera　等距视角

从上向下斜视45度，更加有纵深感的视角。

It's a Feature!　这是个特性！

一种欢乐的事故，指游戏里一开始是漏洞或者错误的东西最终变成了一种全新的玩法。同样也指用开玩笑的方式指出明显给游戏带来不良影响的漏洞。

Iterative Process　迭代过程

游戏设计本质就是迭代过程。你开发了一个版本，接着又开发一个版本，然后再是下一个版本。一般来说，迭代之间的改变是很小的，有些时候这些改变会很大且具有破坏性。

Kool Idea, No Fun，简称 K.I.N.F　主意很酷但不好玩的点子

这种点子在概念上很坚实，但是无法构造出有趣的玩法。

Kool Idea, Not Implementable，简称 K.I.N.I　主意很酷但实现不了的点子

想法很好，但是不切实际。

Keep It Simple, Stupid，简称 K.I.S.S　保持简单，蠢货

老话了，但是仍然值得记住。

Keeping Alive　别断气

提醒玩家某个角色在游戏的某一部分里并没有什么用处，同样用于保留若干情节元素。

Killing Keyser　杀掉恺撒

这是一种非常有破坏力的文档，如果你不搞定它，整个项目都会崩溃。如果你杀掉了恺撒·索泽（Keyser Soze），《非常嫌疑犯》（*The Usual Suspects*）就不再成立。

Logical Idea, No Fun，简称 L.I.N.F　有道理但没意思的想法

意思同该术语的名字。

Laying Pipe　铺设管子

去做某些之后会带来报偿的事情。

Learning Curve　学习曲线

宏观的学习曲线指玩家玩游戏时学习技巧和概念的过程。微观的学习曲线指如何在任务中击败特定的角色，它也会带来更快的速度和掌控感。

Levels　关卡

即游戏的场景。游戏里的关卡就像书中的章节。大多数情况下，关卡会逐渐增加难度（虽然很多设计师会交替安排困难和简单的关卡，让玩家能坚持下去）。在基于情节展开的游戏中，每个关卡都应该推动故事发展。

Look and Feel　外观和感受

很多时候这两个词是一起出现的，就像是一个概念。实际上它是两个概念。外观是指游戏的画面，感受是指玩游戏的感觉。

Luigi　"路易吉"关卡

安抚玩家的模拟练习。

Marquee　招牌

一个从电影行业借来的说法。你的卖点是什么——有名的 IP、经典作品的续作还是著名的设计师？如果有的话，这个游戏的招牌是什么？

Mechanic　机制

游戏里与玩家互动的核心玩法。

Metastory　元故事

互动项目的元故事指故事中所有角色的故事或者隐藏背景的集合，包括所有的分支和对白、可能的结局以及背景故事，即整个游戏世界。

Middleware　中间件

授权用来开发游戏的游戏引擎。

Milestore　里程碑

项目前进所必须达到的关键节点。比方说，你必须完成项目的大纲才能继续制作剧本，那么剧本和大纲都是里程碑。

Mission-Based Gameplay　基于任务的玩法

玩家需要完成一系列指定任务来通过一个关卡。

Monotonatic　单调

同样的颜色，同样的音乐，同样的游戏机制。

Mouse Fishing　"钓"鼠标

指老式的 CD-ROM 游戏，你得到处移动鼠标，直到撞上什么有趣的东西触发。

Moustache　胡子

伪装新元素，将其与熟悉的旧有版本分开。

Now We'll Figure Out What the Real Game Is　现在我们来研究一下真游戏到底是什么

这是开发过程中的一个非正式的流程，通常会发生在人们意识到资金、美术、容量、编程时间都有限制的时候。毕竟生命短暂，很少有项目不经过这个阶段。这种结果是由多种多样的原因导致的，包括过度乐观、发行商变卦、粗心大意，以及不愿面对不断变化的现实过程（参考"平行设计过程"）。

Nonplayer Character，简称 NPC　非玩家角色

非玩家角色是从玩家角色中衍生的术语。玩家不能控制的角色都是非玩家角色。

Paradigm Buster　范式破坏者

一个游戏或者电影惊为天人，乃至从根本

上改变了这个媒介，变成了一个新的类型。

Parallel Design Process　平行设计过程

同时处理一个项目中的 3 个主要元素，并立即衡量一个领域在另一个领域的突破。

Pavlovian　巴甫洛夫

有个说法是，游戏设计都是巴甫洛夫式的。信不信由你。

Payoffs　报偿

奖励玩家的任何事情。在故事层面，指设定的叙事结果。

Pear-Shaped　搞砸

在以任务为基础的游戏中，由于描述剧本或随机事件出错导致玩家需要自由发挥的情况。

Pete Popcorn　王小明

你的受众的一般形象。这里的要点在于你必须将自己的受众还原成一个具体的人，虽然这个还原可能很粗略。

Popcorning　爆米花反应

一个东西爆炸了，它旁边的东西跟着爆炸了，进而产生了一系列连锁反应来消灭敌人。

Preliminary Design Document　初步设计文档

这是一份包含更多游戏细节的比较长的文档（大概有 50 到 200 页）。理想情况下，文档中还应该包括一些美术细节。

Protecting an Idea　保护创意

"你保护的是什么？"是经常发生的争论，因为某人会想要留着项目里的某个元素，比方说某个场景、角色或玩法装置，并且他感觉这个元素有被拿掉的危险。通常情况下，如果某人表现出非理性的一面，意味着他在"保护"一个东西。

Prototype　原型

游戏开发中一个可以玩的模型，用来测试核心玩法概念是否行得通，以及游戏能否在时间和预算允许的情况下做出来。大多数原型在垂直切片流程之后就失去意义了。

Publishers　游戏厂商

制作、宣传并销售游戏的公司，大多数时候也给游戏开发提供版权。比方说艺电（Electronic Art）或者动视（Activision）。发行商同样可能拥有专属的开发商。

Quickly Recognized Features，简称 QRFs 快速理解特性

玩家拿到一个游戏后能够马上上手，因为这个类型的游戏的操控方法与其他游戏是类似的（比方说十字键能让角色前进等）。

Ragdoll　布娃娃

真实的物理机制。

Red Shirt　红衫

注定会死的角色，出自《星际迷航》。

Reference Titles　参考作品

你应该知道的某个用来理解一个特定设计的作品。比方说，你应该知道《毁灭战士》（Doom），从而理解面前的这个游戏。

Reload Learning　重新载入学习

指反复尝试某个关卡来学习操作方法的过程。基本上，你玩的次数越多，就能理解得越好。这意味着每一次"游戏结束"都是有意义的。

Replayability（or lack thereof）（是否）具有重玩性

所有线性故事的游戏（包含一个结尾）都注定在可重玩性上有限制。你体验完了故事，游戏就结束了。重玩的体验可以用奖励关卡和额外目标来增强，但是故事已经讲完了。开发商曾经很在意可重玩性，但是如今，给予玩家一个满意的单机体验常常就足够了。

Ripamatics 混剪

这是从广告行业"偷来"的术语，指广告的概念视频通常是使用现有的视频或者其他电影、电视剧里的片段拼起来的。在游戏中，剪辑好的叙事段落通常情况下也是用给予创作者灵感的材料组合起来的，比方说电影可以用来给游戏的内容和调性定调。

Rorschach 墨迹测试

指一份可以设计出来让读者或评委看到他们想看到的内容的文档或者范例。这个测试对销售大有裨益，但对于之后你自己理解卖出去了什么没有好处。

Release to Manufacture，简称 RTM 压盘制作

当你听到这几个词的时候，就终于可以松口气了。你的完成版在这个阶段脱离了你的掌握，进入压盘的流程。当然，这同样意味着你不能再改了。你的工作到 RTM 的阶段就结束了。完了，到此为止。

Sandbox 沙盒

游戏中玩家可以自由行动，做随机任务，并不局限于故事线的区域。

Schedule Monkey 日程表猴子

每个开发商都会有的那个家伙，他会告诉你不能这样做，因为日程表不允许。

Schlobongle 很复杂的麻烦

词意如其名。

Scriptment 剧本论述

介于剧本和故事阐述之间，包括整个故事、对白片段、场景、镜头视角等。

Sense of Mastery 掌控感

玩家玩游戏时产生的那种觉得自己掌握了游戏和整个世界的感觉。

Serendipity Factors 巧合因素

游戏中没有预料到却变成了最终目标的元素。

Standard for a Reason，简称 SFAR 约定俗成的事情

指游戏玩法中的一些规则在业内是约定俗成的事情，玩家凭借直觉便可完成。例如摇杆往右推，角色也往右走。

Sound Effects, SFX 音效

游戏中的各种声音。

Snags 小点子

某些你想要从其他游戏里扒出来，塞进自己的游戏里的设计元素。

Snipe Hunting 打野

让玩家在游戏里无止境地漫游，去寻找某些游戏里不存在或者被隐藏起来的东西。这么干通常是为了延长游戏时间，或者卖攻略书。

Spotlight on a Turd 给屎打光

过度强调某个情节或者游戏的问题，吸引玩家不必要的注意力。

Start to Crate Ratio　进度条时长

你从开始游戏到遇到第一个游戏套路之间所花的时间。

Stealth Education　隐蔽教育

一种通过沉浸式玩法达到教学目的的游戏机制。玩家会知道他们到底有没有学到技能。

Storyboard　故事板

在正式制作之前，艺术家画出来让动作可视化的草稿。它同样可以用来让大家大致理解玩法。

Tabula Rasa 或 blank slate　初始人物或空白模板

玩家从零开始创建角色或整个世界，赋予其独特的身份。

Technical Design Document　技术设计文档

游戏设计文档的补充，专注于开发过程中程序和代码层面的问题。

Tezstein's Law　泰施坦因定律

你处理掉了一个没有能力或者很烦人的经理人，那么代替他的人选必然比他更烂。

Third-Handed　三只手

用来描述非常复杂的游戏玩法，你需要三只手才能很好地进行操作。

Third-Person Point of View　第三人称视角

玩家可以看到游戏的主要角色的视角。

This Is Not My First Picnic　这不是我的第一次野餐

你之前做过，能理解其中蕴含的问题和危险。

Thumb Candy　手指糖果

优秀的玩法。

Ticking Clock　倒计时

给玩家设定一个有限的时间，增加紧张感。

Title　作品

游戏本身。

Too Much Information，简称 TMI　信息过量

玩家实际需要知道哪些信息才能理解游戏规则和故事？我们真的需要一个庞大的背景故事，或是一个复杂的逻辑来建立游戏规则吗？

Toyatic　可玩具化

这个系列能不能出玩具？具不具有玩具化的潜力？

Trench Coat　战壕大衣

用来掩盖那些不好看的东西的伪装物。

Trivbits　系列设定

游戏中所插入的与游戏可能没有关联但却塑造了整个游戏系列的元素。

Trunk　主体

在一个有限分支游戏中，故事的主线、优先路径以及分支在主体处交会。

Tune and Tweak　调试修改

优化玩法和关卡细节。

Turnip Truck Gambit　萝卜车赌博

有些人会给你提供一个条件很烂的交易，觉得你根本不知道自己在做什么。这经常是侮辱性的。

Turtling the Ninja　忍者神龟化

将某些人不能接受的概念"软化"或变形使其接受。这来自 20 世纪 80 年代的《忍者神龟》系列，妈妈觉得这只是可爱的小乌龟，而对于小男孩来说是很酷的忍者武士。

Unique Selling Points，简称 USP　独特卖点

游戏中能够吸引玩家买游戏的那些元素和特质。

Value System　价值系统

游戏的"世界"里的价值是什么？这个世界的"道德"是什么？有虚构的价值（比方说拯救世界），也有游戏机制中的价值，比方说增强、血包。

Vector Check　方向检查

检查项目的时候问一下自己"这是不是我想要去的方向"。也有可能它会偏离方向，变成了什么别的东西。

Vertical Slice　垂直切片

游戏演示中的一个特别类型。整个预期游戏中的一小部分被从头到尾做完，有完整的设计、游戏机制、美术效果以及运行程序。你可以将其视作某个完整游戏的取样。在如今这么干很常见，然而太多发行商遇上的游戏都停留在游戏演示的水平，并没有真正地在游戏玩法或者质量上前进。

Violence Equivalents　"暴力情节"替代元素

在儿童游戏里很常见，比方说用玩具枪取代真枪（射出凝胶）。用来软化暴力的手段（比方说怪异的音效）。

Vision　愿景

无形的、可以共享的、推动项目前进的观点。

5W1H

游戏故事结构的基本要素，即谁（Who）、什么（What）、何时（When）、何地（Where）、为何（Why）、怎样（How）。

Walkthrough　攻略

对指定关卡的游戏体验的文字描述。

Waypoints　路点

关卡中的关键位置。

Weed Eating　铲除杂草

从设计和故事中处理掉不必要元素的过程。

Zerging　人海战术

没有技巧的玩法，更依赖于数量而非战略（名字来自《星际争霸》中的某个外星人种族）。

附录一

《死水》游戏设计文档

死水：终极生存恐怖体验

游戏策划案：Ground Zero Productions 公司

版本 2.1

单页总结

名称

死水

类型

生存恐怖与动作冒险混合

版本

2.1 版，早期策划案

类别

《死水》是一个刺激的恐怖动作冒险游戏。它将数种独特的游戏玩法元素和恐怖惊悚体验相结合。该游戏结合了探险、战斗和解谜要素，为玩家展现了一个创新的角色互动系统，让其能够隐蔽、愚弄和诱骗主要对手姜戈先生（Mr. Jangle）。

平台

PlayStation 2、Xbox

基本创意

在一个恐怖的夜晚，玩家角色艾登（Eden）必须与折磨她的反派，拥有经典恐怖恶人形象的姜戈先生斗智斗勇，从而逃离南方腹地的沼泽和河湾。《死水》与其他该类型的大多数游戏不同，玩家角色是猎物，不是猎人。玩家在游戏体验中会持续面对自己的无力感，他们必须想出策略来战斗、诱骗和困住姜戈先生。玩家在完成这个非线性故事游戏的过程中会挖掘出更多背景故事，最终帮助他们击败姜戈先生。

游戏机制

玩家会控制艾登，让她在《死水》世界中的许多不同地点活动。艾登可以走路、跑步、匍匐、爬墙、躲藏、格斗、射击、使用道具、潜行、改造工具、解谜、与其他角色互动、跳跃以及控制呼吸。探险和战斗是游戏的关键元素。绝大多数的交互以非常电影化的第三人称视角呈现。然而，艾登还会具有一个"看"的功能，能让玩家以她的视角看世界，也就是第一视角。

授权

《死水》会成为这个系列作品中的第一部，有非常强的周边市场潜力。我们也为恶人主角姜戈先生安排了精彩绝伦的剧情和背景故事，让他可以跻身经典的恐怖角色行列，成为与弗莱迪·克鲁格（Freddy Kruger）[①]、汉尼拔·莱克特（Hannibal Lecter）[②]、麦克尔·麦尔斯（Michael Myers）[③]比肩的角色。

目标受众

目标受众为 16—35 岁的男性和女性玩家。《死水》有一位强大的女性主角和非常出色的世界设计，会吸引喜爱强玩法和震撼视觉体验的玩家。为了吸引最广泛的受众，游戏操作会非常直观，学习曲线快速。

概念

在《死水》里，你将成为一个现代恶灵的猎物。整个游戏发生在一个晚上，地点在路易斯安那某个沼泽的周围。

如果你想要通关，就必须活到第二天早上。为了完成这个目标，你必须能够隐藏、奔跑、欺骗并重复多次杀掉你的对手姜戈先生，因为他会无休止地追逐你。《死水》与一般 3D 游戏相反。它不同于传统的 3D 动作冒险游戏，你在游戏中必须同时躲避和攻击你的追逐者。你的选择有战斗或者逃跑。除了你的

---

① 电影《猛鬼街》（*A Nightmare On Elm Street*）系列反派。——译者注
② 电影《沉默的羔羊》（*The Silence of the Lambs*）系列反派。——译者注
③ 电影《月光光心慌慌》（*Halloween*）系列反派。——译者注

武器，你的智慧和勇气同样是生存的工具。

《死水》的设定是一个实时恐怖游戏，制造一个紧张、扣人心弦的体验是该设计最终的目标。这个游戏的体验不仅仅要很有意思，还要很恐怖。

游戏的故事从你走进那个宿命的夜晚后展开。故事会充满背叛和双重背叛，当它结束的时候，我们的杀手姜戈先生，一个不幸的长途卡车司机将会创造恐怖的最终一击。

《死水》这款互动式动作冒险游戏将会包含《激流四勇士》（*Deliverance*）、《九怒汉》（*Southern Comfort*）式的扣人心弦，同时融合《月光光心慌慌》《惊声尖叫》（*Scream*）式的紧张惊险。紧张和扣人心弦的危险与死亡潜伏在每一棵树后面，恐惧埋伏在阴影之中——就连蟋蟀的叫声听起来都极具威胁。

你是一个外来者，你的目标很简单——活下来，在清晨跑上高速公路。因此你必须面对不断折磨你的姜戈先生，并且找到一个办法摧毁他。

游戏总结

遵照诸如《恐惧效应》和《半条命》（*Half-Life*）的故事驱动体验传统，《死水》的目标是创造出情感的反应，而不仅仅是按按钮带来的满足感。

我们将你放进了一个熟悉的 3D 世界，但完全没有给你在这类游戏中本应期待的游戏体验，而是创造了新的游戏张力。我们的目的不仅是让《死水》成为最惊心动魄的游戏，更希望它能带给玩家最恐怖的游戏体验。目前，我们的计划是购买一个引擎的授权来开发《死水》。传统的关卡设计技术会用于创造世界。我们打算使用成长型的人工智能结构，将主要的反派人物姜戈先生塑造得栩栩如生。这一点尤其重要，因为游戏中会有很多姜戈先生移动并且搜索你的位置的桥段，你必须学习他的动作才能逃走。

随着游戏的进行，《死水》的故事也逐渐展开。举例来说，你会逃上一条岔路，看到这里有一辆州警的车。你会大呼求救，但是等你跑到警车前的时候会发现州警已经不见了。你爬进车，想要找到里面锁着的霰弹枪，此时你看见拿着钥匙的姜戈先生和这个州警的断手……

除了探索环境，你还可以收集物品，它们可以帮助你避开或者诱骗姜戈先生。你可以收集的物品包括手电筒、荧光棒、绳子、焊枪等。这些物品同样可能成为随机武器。

由于游戏目标是生存，因此我们使用了与传统 3D 游戏中的弹药计数器和血条不同的疲劳计数器。奔跑会让你变得疲劳，让你逐步减速，也让你的喘息声音变得更大。这增加了你被杀手发现的概率，所以游戏玩法的一部分就是你要在躲避姜戈先生的时候仔细权衡自己的能量。同时，选择与姜戈先生正面对抗在《死水》这个游戏中通常是一个危险的选择。你同样可以使用肾上腺素冲刺。冲刺可以增加速度、协调性和耐力，来执行游戏中的一些动作。冲刺时刻可以通过如下两个方法获得。你可以尖叫（当然这会导致姜戈先生发现你），或者完成一个特定的目标来获得冲刺时间。时间到了，冲刺效果就会消失，你的能力会回到正常水平。这个尖叫"增强"也可以用来正面对抗姜戈先生。

在游戏过程中，你会认识到虽然你能够杀死姜戈先生，但是只有在游戏结束的时候才能真正阻止他。实际上，这个游戏的目标是杀死姜戈先生 13 次。你会看到他跟猫一样有"九条命"。

为什么姜戈先生可以"死而复生"13 次的悬念会在黑榨仪式（Black Milking）上揭晓，我们之后也会在这份文档的背景故事部分中解释。然而，这个构思也让你能够用很多种不同的方法杀死姜戈先生，包括把他钉在尖桩上，用货车压死他，把他扔进一个粉碎机里，把他推进一个鳄鱼池中，以及用私酿高度威士忌把他烧死。

然而，姜戈先生是台像终结者一样不会停下来的机器，你到游戏最后才能彻底杀死他。每一次你了结了他的生命，他都会回来，甚至身负更强大的力量（外表上则更加糟糕）。实际上，姜戈先生本质上就是一个一直在进化的关卡头目。随着游戏推进，他的外表和动作都变得越来越恶心。这意味着尽管你会经常面对他，他仍会衍生出多样的游戏机制和"新的"敌人。

除了姜戈先生，你还会面对很多种不同的敌人和生物，它们都是姜戈先生所操纵的黑榨力量的产物。

直到姜戈先生用完了他的 13 条命，你才能真正摧毁他。为了对付姜戈先生，你能够收集到各种随机武器，比方说棍子、斧头把手、霰弹枪、焊枪等。

姜戈先生的致命弱点是创造他的 13 条蛇。这些蛇会各自分布在游戏中的 13 处地点，你需要捉到它们，把它们放进阿木女士（Miss Lady Em）的手提箱中

（你会在游戏过程初期找到这个箱子）。

一旦蛇被放进了手提箱，那么其对应的邪灵的力量就会变得脆弱。这就是《死水》的捕猎和收集部分。大多数蛇会位于很难捕捉的地点，需要玩家通过创造性的解决方案、解密方法才能捕获（再次声明，《死水》的背景故事的谜面和谜底会在这份文档中稍后解释）。在我们牢牢确立住这个基本原则后，你会在试图摧毁姜戈先生的同时关注自己的幸存情况。这个游戏的设计基础是你是猎物角色，整个关卡设计和故事元素都会突出你的弱点。游戏过程中最好的防御策略是奔跑、欺骗、暗算以及躲避姜戈先生，因为他会持续不断地追逐你，你要把所有的黑榨蛇收集齐。

游戏中会有独特的隐藏要素，包括爬树、躲避在水下或用附近植物来制作呼吸管。

然而，这不是说你没有攻击能力来攻击姜戈先生。一旦你将一条蛇关进手提箱，你就能够攻击并且尝试夺取姜戈先生的一条性命。

事实上，在大多数情况下，玩家在《死水》的世界中与姜戈先生和其他敌人对决才是唯一的生存之道。重点在于你的角色艾登永远不会拿到无限量的弹药、超级武器或者其他可能让你自己觉得无敌的游戏道具。在游戏的过程中，你面对姜戈先生和他的手下的时候始终会感到非常脆弱。

目标玩家

我们的目标玩家是生存恐怖类型游戏的玩家，同样也有喜欢动作冒险类型游戏的玩家。《死水》会吸引恐怖游戏玩家，包括硬核玩家和轻度玩家。

《死水》不会有过于暴力和大规模的血腥场面，然而它的内容和调性会让它被评为 MA 级。

游戏会提供一个持续增长的张力，你需要直面自己的恐惧。为了生存并且最终在《死水》中胜利，你会面对众多的恐怖游戏元素，包括多次击败姜戈先生。游戏的吸引力在于混搭，但是它的类型与《生化危机》、《寂静岭》（Silent Hill）、《网络奇兵》（System Shock）几乎一致。我们的目标是创造前所未有的恐怖惊悚互动体验。为了达成这个目标，《死水》会以 MA 评级标准设计。

基本介绍

下面，我们安排了一个可能可以建立起《死水》的基本调性和整体情绪的开场动画。

一片漆黑之中我们听到一个年轻女性发出急迫的声音，不久之后变为惊慌。

女性
上个加油站至少 80 公里之遥。

一个男性声音抱歉地回复道。

男性
对不起，好吧？你说得对，艾登，
我应该先检查一下的……

画面淡入

加油站外景一夜晚

镜头移动至进入处于河口深处一个遗弃的、早就无人的加油站。植被在顶棚下的设备残骸旁边生长起来。生锈的标志牌上写着"加油与便利服务"。

正在折腾一个 20 世纪 40 年代风格的油枪的男人说话了。他的名字是特德，20 岁出头，外形俊朗，显然是那种爱冒险的类型。他把油枪探头拔出他的新款跑车。

特德
啥都没有……

特德进入跑车，副驾驶上坐着一位焦急等待的女性艾登。艾登 20 岁出头，曲线玲珑，面容娇俏，嘴唇饱满。

特德发动引擎，看着油量表，指针划向"空"。他挂上挡，驶出加油站，带出一路烟尘。

镜头追踪过无人的加油站，在油枪旁边暗处的服务区停了下来。我们可以看见里面有一辆古老破旧且磨损严重的拖货卡车。突然，打击声响起……

卡车的车灯亮起，将屏幕照得一片雪白。片刻之后，卡车的引擎发动，声音带着威胁。

便利服务重新开张……

画面转向

特德的跑车内部，稍后

特德正在努力控制汽车，但是他快失败了。

特德

天哪，别这样啊……

他看向艾登，靠边停下。因为油箱已经彻底空了，特德的汽车发动机发出怪响。特德把车开过一座小小的破烂桥，车进入路边的土垒，然后彻底停下了。

艾登

现在我们怎么办，特德？

特德

看来只能走了……不好意思？

艾登

你在开玩笑吧？

特德靠近了<u>些</u>，把他的脸凑近艾登。

特德
拜托，艾登，我会补偿你的……
如果你想要的话就在这里……

艾登
你确实在开玩笑。

特德
为什么不呢？以后我们去野营的
时候就有故事可说了。
另外，这里除了我们和鳄鱼之外
还有谁……

艾登
闭嘴。

艾登将特德拉过来，他们开始接吻，之后车子的后窗<u>闪过</u>一片灯光。特德和艾登努力想看清楚灯光的来源。

艾登的视角

我们看见了便利服务的那辆<u>卡车的轮廓</u>在河口的夜空中发亮。

艾登
看上去像是一辆卡车。

特德
见鬼。我还有点期望我们独处的
时间能长一点呢。
我可以让他 15 分钟之后再来

嘛……

艾登微笑，随后放松地大笑起来。

艾登

我们现在需要的是汽油和导航。

特德

对。我出去之后把门锁上。

艾登轻吻了特德的脸颊，特德下车。他关上驾驶席的门，艾登伸手过去把门锁上。

特德走进卡车前灯的光线之中，艾登听不清楚他的声音。她等了许久，然后传来一阵噼里啪啦……

特德浑身是血，大叫着撞进汽车的侧窗。艾登尖叫起来。拖钩带着铁链刺进特德的肩膀。

特德

救救我，艾登……

救救我！

摇柄的声音淹没了特德的呼救声，艾登惊恐地哭泣起来。特德抓着车窗，他正被铁链拖向卡车。

艾登惊恐万状，呼吸急促。她一个人坐在车里，吓坏了。我们听到特德的惨叫声远去，然后突然停止。艾登没有动。我们意识到她不会动。艾登的下一个动作由我们来控制。

游戏开始了……

游戏玩法描述

接下来是《死水》游戏玩法体验的开场几分钟的描述，接在之前文档的开场后面。

玩家控制的动作和效果以下划线字体表现。你所控制的角色是艾登。

在开场动画之后，艾登打开车门，离开汽车。她发现自己身处危险的沼泽之中。艾登看向远处的卡车。卡车发动机仍然在运行，车灯亮着。艾登蹲下，然后爬离轿车，朝着路边的草丛而去。此刻，她的疲劳计数器的数值最低，所以她的呼吸声音很轻。她躲藏在一棵倒下的树底下，寻找一条能够跑到卡车背后桥梁的道路。

艾登听见她的右侧有钥匙互相撞击的声音。特德的汽车侧窗爆裂，她看向声音的来源。艾登看见姜戈先生的影子走过背景。姜戈先生靠得越来越近，钥匙的声响也变得越来越大。

艾登从她的躲藏地点中出来，跑向卡车。随着她的移动，她的疲劳计数器上的数字在上升。她的呼吸声音升高，协调性也受了影响。艾登一边看向身后，一边跌跌撞撞地跑向卡车。

艾登跑到卡车车厢的位置，打开了车门。一条巨大的黑色水蝮蛇向艾登发动攻击，在被她看到后快速滑向卡车的地板。艾登听到钥匙的声音变得更大了。她的疲劳计数器数值回到正常范围，她走到卡车的后面，发现特德被挂在拖臂上。艾登尖叫起来，她的肾上腺素计数器数值增加，于是她现在可以冲刺。她在卡车的地板上发现了一盒燃烧棒，将燃烧棒加入她的道具栏。然后她发力跑到桥梁，她的冲刺速度提高了。艾登看向后边，发现姜戈先生走近她，而她就要抵达桥梁。

冲刺效果消失后，艾登跌跌撞撞地倒在桥上，而姜戈先生出现在她身边。

艾登从她的道具栏中选择使用燃烧棒当作武器。燃烧棒燃烧起来，火焰喷向姜戈先生的脸。他大吼着向后退。然后，艾登抓住这一时机，跳到桥梁旁边的树枝上。她爬下树枝，靠近下面的水面，然而她的疲劳计数器数值升到极限，无法在水里游泳。不过，艾登举着的燃烧棒照亮了桥梁下的一个排水管。她犹豫了片刻，直到疲劳和肾上腺素计数器数值稳定下来，然后钻进管道，开始爬行，希望燃烧棒能坚持足够长时间让她能够到达另一边。她在管道中寻找方向，疲劳计数器数值开始升高。

姜戈先生从阴影中看着燃烧棒的红色光线从排水管中透出来，然后他开始移动。

艾登再次听到了钥匙的声音。

姜戈先生

姜戈先生是杀手，是一个典型的恐怖电影恶人。姜戈先生的名字来源于他腰间数百把钥匙①的声音。我们会发现这些钥匙来自他的受害者，也是他的纪念品，而且他计划将你也加入这个收藏陈列里。姜戈先生靠近你，你就会听见钥匙碰撞的声音。这就是你判断他是否接近了的信号。

你可以杀掉姜戈先生，但是这只是暂时的。姜戈先生每一次复活之后都会变得比之前更加强大，更加超自然。姜戈先生会永不止息地追逐，直到找到你为止。但是你可以引开姜戈先生，让自己有机会逃脱，有时你也不得不躲起来。

比方说你可能不得不躲在一艘沉没河轮的发动机室的工具柜里，他会在那里寻找你。除了姜戈先生，你还会面对其他的危险，包括鳄鱼、水蝮蛇、沼泽、流沙以及崩塌的矿道等。游戏继续进行，姜戈先生的超自然特性会逐渐显露。游戏结束之前，你会发现自己面对的是姜戈先生的独特力量，而现实也在黑榨的魔力之中逐渐扭曲。不过，你也能够发现自己能利用这些力量的办法……

非线性的游戏结构与风格

《死水》的世界包括实时 3D 室内和室外环境。

---

① 英语中"Jangle"一词指钥匙互相碰撞和摩擦的声音。——译者注

场景给人的感觉是非常哥特式的。植被极为茂密，甚至有点生长过度。整个世界显得湿漉漉的，带着黑色的冷色调。地面升腾起白雾。

风格上，角色和环境虽然是 3D 的，但是会采用漫画式的卡通渲染。这样做的意义在于为玩家营造一个风格化的超现实环境，创造出一个独特的、吸引人的世界供玩家探索。

由于整个游戏将发生在月光下的路易斯安那沼泽，你不仅可以探索沼泽，还可以探索一些独特的地点。所有的这些地点都让人不安且害怕，会让人时刻感受到威胁。每个地点都包括很多姜戈先生可能会突然出现的地方。浓重的阴影、嘎吱作响的地板、被风吹响的树林等，这些元素都营造出了一种恐怖和不祥的气氛。

游戏包括 13 个拥有独特故事并可以以非线性的形式进行的关卡。每一个叙事都反映了更大的背景故事的一部分，组合起来，最终就会展露出整个背景故事，并且告诉你最后永久击败姜戈先生的方法。而关卡之中的游戏叙事则是关卡自身独有的，会在预设的触发器被触发之后展开。

《死水》所有的叙事段落都会是引擎渲染的过场动画。

在每一关结尾，玩家会解锁一段背景故事，作为通关奖励的一部分。

玩家需要摧毁姜戈先生并收集关卡里隐藏的蛇来通关。这是我们为整个游戏建立的游戏机制——主要目标是找到蛇、摧毁姜戈先生；次要目标包括与其他的非玩家角色战斗、解谜、寻找物品、探索场景等。游戏菜单中代表被揭开的背景故事叙述的图形会是一个圆环，所以故事的开始和结尾在接近完成之前都不会很明确。

蛇的咝咝声会是缺失故事线的占位符。它会在突出一个完整的背景故事环节时响起。美术设计将会让这个图形看起来像是一个巫毒教的献祭仪式，象征着释放姜戈先生的能力。

当你收集到了所有背景故事的元素，就能够解锁最终的场景，姜戈先生的废车场（便利服务站）。

游戏的开始和结束是线性的，相应的场景（废弃公路和废车场）不是这 13 关游戏的一部分，而是游戏和剧情的终结。

游戏和故事的其余部分则是非线性的，你可以自己选择如何完成游戏。在你进入关卡之前，会有预览段落向你展示每个单独的场景（关卡），因为一旦你进入某个场景，角色身后的"门"就会锁上，角色会被锁在这个关卡里，直到她能够抵达关卡的结尾，找到蛇，击败独特的敌人，解开关卡中的谜题，最终击败作为关卡头目的姜戈先生。

下面列出了游戏中的关卡。每个关卡都会包含一些非玩家角色，包括人类、生物以及游戏后期会出现的超自然生物。

- **沼泽、河口**。典型的河口场景，有及腰深的水和茂密的丛林。头顶是一片浓密的植被。黑暗中生物的声音。月光之下的一片止水。萤火虫和昆虫。鳄鱼和蛇……还有作坊。
- **废弃的公馆**。到处长满了沼泽植被。典型的南方风格公馆，规模惊人。室内有被罩住的家具、蜘蛛网等。你可以在场景里移动，搜索诸多房间。有很多可供躲藏的地点。很不幸，这同样意味着姜戈先生也有很多地方可以埋伏。
- **垮掉的桥**。旧州际公路的一部分，已经在这个潮湿的沼泽里废弃了30年。可以是一座运河桥，有一间塞满了机械的机械间。
- **墓地**。经典的南方风格墓地。坟墓都在地面之上，但因为水位太高，已经不能再埋葬死者了。你可以在这个永恒静寂之地中找到黑榨的秘密。
- **沉没的河轮**。里面有毁坏的赌场、驾驶室、发动机间、明轮等。
- **私酿酒坊**。这里有装满原料的桶，还有机械设备，可能还有几个在作坊里工作的人。一辆看着速度很快的1949年水星车停在那里，钥匙就插在车上。他们会帮助你，还是说别有企图？
- **废弃的石油平台**。上面有钻探设备，用作工人的临时营地。到处都是油桶。
- **鳄鱼养殖场**。这里充斥着无聊、破烂的景点以及非常饥饿的鳄鱼。
- **狂欢节花车存放场**。这里堆放了很多废弃的狂欢节花车。画风比较超现实，同样很恐怖。
- **铁路车辆**。废弃的铁路，其间还有一些客运和货运车厢可以探索。
- **巫毒小屋**。黑榨仪式的发生地，充斥着不安与黑暗。这个场景会包括一系列物品，你需要这些物品来释放黑榨的力量。这也是捕获最后一条也就是第 13 条蛇的地点。老家伙的小屋。直接取自《激流四勇士》。还有一艘沼泽小船，燃料足够让我们穿过河口的一部分。

- **便利服务和加油站及废车场。**你的终点。你在这里会找到姜戈先生的终极真相。你同样会发现姜戈先生的其他受害者，或者他们的遗骸。场景里全是车辆的残骸植被和汽车零件。这是一个车辆的坟场，到处都是老鼠、蛆和被焊进铁盒子里的半死的受害者。这些东西后面是一个棚子，里面有绞车、地下机械修理站等物品。这些物品的旁边是一个巨型的汽车破碎机和粉碎机（你最后要通过它们来打败姜戈先生）。

游戏玩法的特点

《死水》有两个主要的玩点——探索（包括物品获取，使用、设置陷阱和非玩家角色交互）和战斗。这些元素会和实时演算过场和预渲染动画无缝连接起来。

探索与物品栏对象

探索这个世界包括在很多场景中搜索、与其他那些可能会帮你也可能伤害你的角色会面，以及寻找藏匿姜戈先生或者困住姜戈先生的区域。当你找到了道具，就可以把它加入自己的物品栏中。道具会包括灯笼、架子、私酒等物品。偶尔你也可能找到一些武器，但是《死水》的物品系统是基于现实的。

你背负的物品越多，你的动作就越慢越不灵活，这些物品会在你遭遇姜戈先生的时候产生实际影响。同样，物品栏也不会像菲利克斯猫的背包那样无限大。你只能同时背负有限的物品。游戏策略的一部分就是选择携带何种物品。举例来说，你不可能同时背着一把霰弹枪、一个耙子和一把斧头。然而，场景中也会有一些你能藏匿物品稍后回来拿的地方。你在游戏中必须寻找的最重要的对象是创造姜戈先生的 13 条蛇。在《死水》的游戏过程中，你会逐渐理解它们的重要性，意识到这些水蝮蛇是姜戈先生的阿喀琉斯之踵。你必须抓住它们，然后和其他一些物品放在一起，举行一个献祭的仪式，释放它们身上的恶魔。有一些蛇会很难找到，而另一些蛇则容易找到，但是很难捕获。

举例来说，当你抵达鳄鱼养殖场的时候，你会看到一条蛇在一座小岛上。很不幸的是这座岛在一个鳄鱼坑的中间。同样，有一些蛇需要你与之战斗，你需要击败这些反派角色才能捕获它们。

当你收集完这 13 条蛇，也消耗完了姜戈先生的生命，游戏体验会变得非常超自然，因为黑榨的力量这时就会在你的掌控之下。

使用场景和找到的物品制造陷阱来拖慢姜戈先生同样也是游戏的关键要素。你会有机会设置陷阱来伤害或者引开姜戈先生，赢得逃跑的时间。

举例来说，你可以在酒坊里放地雷，姜戈先生打开这些私酿的酒桶，整个作坊就会爆炸。为了完成这些，你需要找到炸弹的所有必需的材料，然后想办法引诱姜戈先生在作坊里寻找你。

战斗

除了要在姜戈先生的攻击下生存下来，你在《死水》中还必须面对其他的一些敌人，有的是现实的，有的是超自然的。

举个例子，你进入了如前所述的私酿酒坊，"私酿白色闪电"^①的老家伙们可能认为你是当地警察，向你开火。你不得不边躲避他们的射击，边向他们澄清你不是警察。然而，他们也不会向你表示友好。实际上，你是一个闯进院子的不速之客。尽管你觉得这些私酿贩子在听说了你的故事之后会帮助你，然而他们还是会攻击你。

你现在必须与这些私酿贩子战斗，而与此同时姜戈先生也尾随而至。

当黑榨的魔力在游戏后期完全展现出来，你会面对在姜戈先生的力量操控下复活的不死受害者。这意味着你需要与这些被复活的恐怖生物战斗，而相同的巫毒力量创造了姜戈先生。唯一能够毁灭他们的办法是使用你获得的黑榨力量，比方说麻痹（冻结器官和大脑的功能）、献祭（让敌人燃烧起来）、投影（从一个区域瞬间移动到另一个区域）以及分裂（使用念力撕裂肢体）。

为了最终打败姜戈先生，你必须使用他的力量来对付他，将黑榨的力量引入你自己身上。这会给予你额外的力量和能力，还能让你自己"复活"自己，

---

① 一种苹果酒。——译者注

多出一条命。这个反转将会是游戏的终极信仰之跃，因为你要获得黑榨的力量，就必须接受它的邪恶和后果。

关键游戏特性

因为《死水》的目的是超越传统的 3D 游戏，我们会带入一系列特性和设计来提升游戏的体验。这包括独特的游戏元素和重新铺排的标准游戏机制。

尖叫及肾上腺素冲刺

恐怖体验的很大一部分来自你的角色在面对一个恐怖情境时的惊声尖叫。在《死水》中，尖叫会同时帮助和伤害到你的角色。与传统的生存恐怖游戏不同，你的角色艾登会对她体验到的恐惧做出反应，而不是面无表情地在世界中移动。

在《死水》中，有些情节会让你和你的角色一同尖叫。当艾登尖叫时，她会获得一次肾上腺素冲刺增强的机会。这些是游戏设计中已经做好了剧本触发的事件。这些事件同样是有条件的，由你与姜戈先生的距离、你当前的状态等决定。你不能够控制尖叫，但是你可以利用它带来的能力。

尖叫能带来肾上腺素冲刺，给予你短时间内的额外力量，但是也会让你的能量更快耗尽。

游戏界面上会有一个肾上腺素状态条。肾上腺素（角色能量）会在距离姜戈先生越来越远、活动减慢的时候随之下降。状态（角色健康）则随着时间恢复。

肾上腺素直接影响到你的状态。

尖叫增强会将肾上腺素增强到平常环境互动所达不到的水平。比方说，艾登不可能在跑过沼泽的时候将肾上腺素增加到 80% 以上。然而，尖叫会将肾上腺素增加到 100%。你的角色的状态会影响你做动作的能力，比方说爬、跳、瞄准以及隐藏等。艾登越"兴奋"（肾上腺素水平高，但状态低），就会制造更多噪声（重重喘息），姜戈先生也就能够更加容易地找到她。你也会变得更不灵活，这会影响你所有的技能。

当你的肾上腺素达到最大值时，你就能够承受更多伤害，能力也会增强。然而，游戏基本是一击或者两击死，所以增强的肾上腺素也只能略微提升。当状态降到 0，你的角色就死掉了。

注意，如果我们在游戏里放了血包，它只会出现在一个合理的位置，而且是与故事相关的（这条规则适用于玩家在游戏中能够拿到的武器弹药和任何其他有用物品）。

第三人称视角与第一人称视角

我们对《死水》的期望是用它创造一个高可玩性的、让人上瘾的游戏体验，美丽却让人不安。一个第一人称的恐怖游戏对于我们所追求的体验是不合适的，所以我们默认采用一个剧场式的第三人称视角。

然而，你能够在需要的时候进入第一人称（视角）模式，一个指示器会告诉你第一人称模式打开了。我们之前也提过，这个选项能通过一个切换命令打开。

智能视角

智能视角功能（实时指示器）会给游戏创造出一种独特的电影感。视角会帮助你，为你提供线索，暗示艾登将要面对的危险。视角会包括角色在特定情况下会面对的所有元素，包括敌人、陷阱、谜题等。

我们将设计出一个设计流程图，包括所有会影响视角 AI 的条件。

其中会包括很多因素，比如与姜戈先生和其他非玩家角色的相对距离、场景几何、情节点、关卡触发器、时间、角色肾上腺素数值、之前的视角、连续性等。综合这些条件，智能视角会创造出一种电影感，同时切实可行地优化游戏机制。举例来说，我们会调整特定的参数，能够在战斗的大部分时间选用一个较高的顶视角度。我们同样会创造出一些"磁性"地点，即能够吸引摄像机关注特定预设剧本的区域，以造成最大的冲击力。

然而，如上所述，这是视角 AI 最终创造的角度。

带追踪（锁定）的第一人称视角观看功能

第一人称视角只会出现在特定的地点和特定的触发条件下。

在《死水》中，你探索世界的通常方式是以电影化的第三人称视角跟随你的角色艾登。然而，有时会出现一个标识，告诉你第一人称视角可用。在这个模式中，你可以以艾登的视角观察四周，寻找物品，操作对象，解开谜题，瞄准敌人。

这个模式也让你可以在移动中持续追踪姜戈先生（或者其他选中的目标），只要让目标停留在视野中即可。这个特征在姜戈先生靠近而你在寻找隐蔽处的时候会十分有效。

它让你能够将姜戈先生锁定在视野中。这种做法只在第一人称视角下可行。当模式可用时，你可以用一个按键触发这个功能。

我们会将这个特性放在切换位置，这样就不会干扰到其他控制。

其他关键特性

- **平视显示器**（Heads Up Display，简称 HUD，也叫屏幕界面）。所有平视显示器里的功能只会在玩家按一个键之后显示，包括道具栏、肾上腺素数值和状态条。这种设置会让屏幕在大多数时候保持洁净，同时也能在你需要时给你提供信息。

- **可用的物品。**你可以交互的任何物品都有价值。你能够知道如果自己要前进，这个物品你就可以使用、拿走或者摧毁。游戏的谜题就建立在这个基础之上，鼓励玩家与环境的互动。我们会努力让这个世界可以触摸，将可以交互的元素变得明显。这样做是为了避免玩家玩游戏的时候胡乱转悠或者四处抓瞎。相比之下，你只需要常识和逻辑就能够解决游戏里的问题并帮助你找到可以使用的物品。

- **隐藏模式。**在隐藏模式，你能够减轻自己的呼吸，尽可能降低噪声，保持隐蔽。为了生存，你必须经常隐匿。然而，如果姜戈先生发现了你，从隐蔽到开始逃命会很困难。

- **玩家指引的实时过场。**在《死水》的游戏过程中，你能够控制自己如何体验游戏。在特殊的剧情下，你可以选择视角，用自己的风格观看发生的事情。由导演预设的实时视角将会是过场的默认视角。然而，你也可以选择使用任何非玩家角色或者敌人的视角，其中包括姜戈先生的视角。除了增加视觉上的复杂性和趣味性，这个特性同样允许你在特定剧情下进入姜戈先生的视角，这样你就可以掌握他的位置，增强游戏体验。

控制器

如下列出《死水》的一个可能的手柄操控布局。前进的移动按键是肩键，将十字键解放出来，用作向任意方向移动。

上	向上的动作（站起，向上爬，接触，悬挂）、向上看
左	向左的动作（翻滚，爬行，躲闪）、向左看
右	向右的动作（翻滚，爬行，躲闪）、向右看
下	向下的动作（向下爬，趴下）、向下看
△	锁定最近的敌人或目标
○	模式切换（走，跑，潜行，爬行，隐藏）
×	用选择的武器开火，或使用选择的对象
□	跳
选择	物品栏
开始	暂停
L1	抬头显示或界面切换
L2	第一人称视角切换
R1	向前移动
R2	向后移动
左摇杆	与十字方向键相同
右摇杆	向前或向后移动

技术

我们目前正在寻求授权的游戏引擎作为我们的第一选择〔虚幻（Unreal）、雷神之锤（Quake）或者立德科技（Lithtech）〕。引擎所需要支持的主要特性是姜戈先生的成长型AI，其中包括复杂的动画树。

由于姜戈先生一直处于潜伏中，随时随地可能出现，我们需要能够巧妙地将他的存在与《死水》的环境结合起来。他的AI必须能够感知到开门这样的行为，并且知道探索门后的房间。姜戈先生应该能够尝试并且欺骗隐藏的玩家，比方说他可以走出房间，等到玩家以为已经安全的时候突然重新出现。如上所述，游戏体验的一个主要元素就是在姜戈先生的存在下体验到不安的感觉。技术研发的很大一部分就是实现游戏的这些特性。

举例而言，在姜戈先生探索房间的时候，你可能隐藏在床底。他可能会停留几分钟，然后在走之前再次搜索。你必须在这整个过程中保持安静。游戏机制的这一部分就会制造张力，因为这个设计会强迫你进入这种生死攸关的境况。

一旦姜戈先生发现你，他就会不屈不挠地追赶你。

背景故事

《死水》的背景围绕着河口文化（Bayou cultures）的神话故事展开，包含但不限于巫毒崇拜和基督教基要主义。

---

25 年前

外景：河口区—雨夜

一片漆黑之中，我们听见大雨落下，然后是正在慢慢接近的汽车发动机声音。那是一辆配备了"怒吼"的 V8 引擎，化油器大开的大型美式肌肉车。

画面淡入至一条穿过沼泽中央的荒凉且泥泞的公路，四周的沼泽植被十分茂密，遮住了天空，只有大雨倾盆而下。背景是一座破败不堪的单车道木桥，横跨沼泽中水位比较深的部分。

路边是一辆一侧后轮爆胎的暗紫色帕卡德轿车。这辆车第一眼看上去像是被遗弃了。但是随着远处的发动机声音越来越近，我们意识到某人正在帕卡德边上等待这辆车靠近。正在接近的汽车大灯勾勒出一个剪影。一个处于困境的司机。这是一个苗条的女性，紧紧抓着一个很大的行李箱。她站在路中央，用手挡住眼睛，遮住到来的灯光。

发动机的轰鸣突然停息了。

从一个向上打的低视角中，我们看到一辆<u>拖车</u>的侧门。拖车上都是破破烂烂的 20 世纪 50 年代风格挡泥板、有缺口的车厢、锈蚀的油漆等这些长期的粗暴使用才会造成的痕迹。背景中，我们看到一位中年黑人女性，她的穿着暗示她对于落下的大雨并不在乎。她在灯光中眯着眼睛看向卡车，观察着自己的救星，将自己的行李箱又拉近了一些，似乎这个行李箱能带给她些许安全感，能够提供一些保护。

拖车的车门上写着简单的"拖带"。车门打开，一只穿着已经磨损了的<u>迪凯思工装靴</u>的脚从车厢里伸出来，踩在被水坑淹没的人行道上。镜头往上移动，显露出一位穿着沾满油污的<u>工装</u>的大块头男性机械师的背影。我们看不到他的脸。机械师拴着一条大号皮带，上面挂着一条门卫风格的钥匙链。钥匙链上有几百把钥匙。他走向这个女人的时候，这<u>些</u>钥匙如同珠宝一样闪闪发光，随着脚步有节奏地震动。

我们没有看见接下来发生了什么……

车内景一继续

三个十几岁的<u>少年</u>开着一辆 20 世纪 60 年代风格的黑色对开门林肯大陆轿车轰鸣着穿过夜色，车里的音乐声和笑闹声盖过了发动机的噪声。

开车的是发型利落帅气的 19 岁亚裔小哥凯。他旁边的是他的女朋友<u>彼得拉</u>。她一头染过的大波浪，刚刚 18 岁，曲线玲珑，眼窝深邃。彼得拉还没有完全从可爱的小女孩变成美丽的女性，但是她的笑容很轻易就能吸引所有认识的男孩子。

在后座的是 18 岁的<u>马库斯</u>。所有人都叫他<u>库斯</u>。他肌肉发达，一头金发，明显是个跟班。

少年们在谈论沼泽。彼得拉想让凯慢一点，但是凯说他开车来这条路就是因为没有别的车，没有限速，没有交规。库斯附和，让凯再快些。

凯吹了一声口哨，加大油门，车辆猛地前冲，车速已经快到不安全的地步。彼得拉有些焦虑地稳住身体，凯还在微笑，而库斯想要坐到前座继续与凯说话。笑声、音乐、发动机声音变得更大了，车辆飞奔过这座单车道桥。

一切都来得如此之快，直到结束凯才踩了刹车。

彼得拉尖叫起来。

透过玻璃，我们看到机械师正在换掉那条爆掉的轮胎。黑人女性带着行李箱站在他旁边。他们望向这辆林肯大陆，紧接着车头就直直把他们撞飞出去。车辆撞向另一辆轿车，金属外壳扭曲变形。

彼得拉、凯和库斯坐在失控的车子里被甩来甩去，最后车子倒向道路一边，撞进了苔藓覆盖的道旁树林里。

一切都安静下来。凯和库斯爬起来，查看彼得拉的情况，边喘气边暗骂。他们镇定下来，告诉彼得拉在车里等着，他们出去查看损伤。彼得拉看着凯和库斯走进大雨，接近残骸，卡车的车灯把现场照得很明亮。

少年们看到了他们造成的伤害后恐慌起来。凯和库斯将阿木女士的尸体抬回她的车里，然后将车推进了沼泽。彼得拉只能充满疑虑地看着凯和库斯两个人拖着机械师的尸体把他塞到卡车上去。他们将卡车推进水里，彼得拉看见了行李箱。她拿起行李箱递给凯。凯将卡车门打开，把行李箱扔了进去。行李箱击中了机械师，他略微动了动。

凯意识到这人还活着，但是已经太迟了……卡车已然沉入了沼泽里。机械师醒过来，从后窗看到路上的几个少年，不太明白到底发生了什么，就沉进了水里。

当机械师拼命挣扎想要逃出来时，他无意踢开了行李箱。13条水蝮蛇从破掉的行李箱游出来，钻进了卡车车厢。

水蝮蛇开始攻击机械师。

之后我们会了解到，路上的这个女人实际上是一名执行任务的巫毒教女祭司。她的名字是阿木女士。她的行李箱中是13条水蝮蛇，用于一个死亡仪式，称为"黑榨"（榨取蛇的毒液）。

阿木女士之前拜访过一系列将死之人，举行了仪式，让毒蛇去咬这些人。她和她的追随者相信，蛇的毒液能够在他们死前将他们血液中的罪恶驱逐出去。

对于姜戈先生和你来说很不幸的是，这些蛇之前被用在了最为邪恶和卑鄙的人身上。这些人是杀人犯，他们的家人同意将黑榨仪式当作最后的机会来拯救自己的堕落的亲人。

　　当这些人被咬了之后，他们的罪恶就被释放出来，转移到了蛇的身上。为了将这些罪恶清除掉，这些蛇必须被埋葬在沼泽中的一处圣地之中。这13条蛇应该被埋在一起，不给食物和水，然后它们就会互相撕咬，邪恶互相吞噬，最终只有一条水蝮蛇能活下来。然后阿木女士会收回这条蛇，确认过它是最为危险的恶魔后将其在仪式中杀死，最终证明人能够战胜他的罪恶。她在被凯的大陆车撞飞之前，正要去举行这个仪式。

　　这就是奠定了《死水》的初始神话，决定了游戏玩法和故事。这位从加油和便利服务处来的可怜卡车司机踢开了装满蛇的行李箱，这些蛇就有了更多可以吞噬的对象，而不仅仅局限于它们自己。同时，这些蛇也马上开动了，每攻击一次，就有一身的罪孽和邪恶从一位谋杀犯那里转移到这个机械师身体之中。

　　这就是姜戈先生诞生的过程。

　　由于黑榨仪式没有完成，每一个应该被仪式所拯救的杀人犯实际上在精神上都没有死去。他们被困在姜戈先生的体内，驱动着自己的能力和对于毁灭的渴望。

　　我们同样会了解到姜戈先生的传奇，以及这三个少年在这次恐怖事件之后的若干年后如何恐怖地死去。最终，在游戏结束之前，我们会意识到艾登的到来并不是巧合。她是马库斯和彼得拉的女儿，她是来寻找真相的，不料意外陷入为了生存而挣扎求生的困境，而对手正是她的父母的创造。

额外市场

　　作为内容创造者，我们也有能力在一些额外的市场和媒介中挖掘《死水》的价值。我们作为游戏设计师、制作人和编剧有一系列很好的作品，然而我们作为电影人也与传统媒介保持着良好的关系，并且有交付大成本、大影响、大制作的娱乐产品的成功经验。在此，我们打算将《死水》作为一个系列来开发IP，让它能够无缝衔接到其他的媒介之中，其中包括原声带、图像小说以及可能的影视剧改编。

《死水》是一个三幕剧，第一幕（包括角色背景故事、神话和世界设定）将会在游戏开发过程中在网络上放出。这可以让感兴趣的玩家组成一个社群，与游戏建立联系。

开发完成的游戏会与在线试玩版的结尾处接续。对于没有在网上接触这个故事的玩家，他们理解故事没有障碍，但是对于那些体验过了《死水》在线版的玩家，他们对于游戏将会有更深刻的理解。

初步的开发时间表——十八个月

如下我们将给出一个简单的初步开发时间表。一个细致的 MS Project 格式时间表将会在初始设计阶段完成。

第一季度

程序

引擎购入

工具链规划

AI 研究和开发

引擎改造规划

制作

设计文档

叙事剧本

关卡布局规划

美术

角色概念

环境概念

艺术指导，以及颜色和风格布局指南

第二季度

程序

工具链规划

AI 设计文档

引擎改造文档

制作

设计文档完成

谜题设计

叙事剧本完成

使用第一关的工具进行关卡布局

音响设计和配音

美术

角色建模

材质贴图

叙事故事板

第三季度

程序

关卡和谜题编程

AI 编程

界面与物品栏编程

多人游戏引擎改造文档

制作

多人游戏设计文档

世界设定

非玩家角色和敌兵放置

带初步美术资产的关卡测试

配音录制

音效和音乐制作

网站上线，线上背景故事系列启动

美术

界面概念

物品栏画面

游戏菜单

物品与世界建模

材质贴图

角色建模

第四季度

程序

关卡与谜题编程

AI 编程

界面与物品栏完成

音效编程与工具

多人游戏编程

制作

单人游戏关卡完成

带初步美术资产的多人游戏关卡可用

非玩家角色和敌兵放置完成

测试所有关卡

原声音乐制作

线上背景故事继续

配音剪辑

实时过场导演

美术

界面完成

物品栏界面完成

角色建模和地图完成

关卡美术 50% 完成

2D 对象和视觉特效

实时过场制作开始

第五季度 —— 青铜

程序

谜题和关卡编程完成

AI 编程完成

多人游戏编程

漏洞修复

实时过场与游戏过程结合

制作

单人游戏关卡完成

多人游戏关卡完成

对谜题、关卡以及非玩家角色和敌兵位置的测试

必要的修改

音效完成

线上背景故事继续

音轨完成

美术

所有美术完成

必要的美术修改

第六季度 —— 白银

程序

发售前的漏洞修复和必要的修改

制作

玩家测试和修改

将多人关卡开放给白银版本测试员

线上背景故事与游戏发售接续

美术

线上推广所需要的美术

必要的修改

总结

《死水》的核心是面对恐惧。

我们的目标是将《死水》设计为有史以来最恐怖的游戏，它将会带来战栗与恐惧，同样还有直面过死亡最终幸存下来才会有的满足感。

《死水》有吸引人的角色、丰富的世界、多变的玩法，还有令人同情而又令人纠结的英雄和一个典型的反派角色，能带来超乎想象的游戏体验。

《死水》结合了创新的游戏设计、有冲击力的故事和角色、领先的技术和高品质的制作，将会带来天衣无缝的娱乐体验。

《死水》将会在玩家那里树立起牢固的形象，同时创造出崭新的生存恐怖系列游戏和角色。它会是一个让人上瘾的、有挑战性的且需要聪明才智的游戏。

概念图

姜戈先生的早期概念图如下。

附录二

剧本样例

🎮 叙事过场：建置

以下是一个样例剧本建置过场，摘自游戏《康斯坦丁》(*Constantine*)。这是游戏的开场叙事：

画面淡入

琥珀色液体的<u>近景</u>。威士忌。无冰。短饮杯。它轻微移动了一下，然后被拿起，移至画外。在酒杯下面，几张塔罗牌背面朝上，作为杯垫。

片刻之后，杯子回到画面中，空了些许。在杯缘上有一滴**鲜血**。

约翰

（画外）

我还指望着这个晚上能清静点。

鲜血顺着杯子流下，与杯中的酒液混合。

外景：年久失修的好莱坞公寓楼，夜晚

　　这个地方充斥着绝望。公寓楼很旧，可能是20世纪30年代某个电影厂的高管给手底下的小明星建的宿舍，之后也可以算作是当地一景，一栋舒适的住所。但是这个时候一切都不一样了，特别是在今晚。

　　现在，这是一个毫无生机的死地。

　　从楼上某层中传来了一阵巨大的破裂声。镜头从街道向上拍，扫过一座老旧的电话亭，扫过数棵交叉的棕榈树。树就是那种洛杉矶典型的高大树种，长着团成球的棕榈叶……

然后进入

内景：托马斯·艾瑞尔的公寓

　　托马斯·艾瑞尔正在被某个看不见的东西痛殴。一阵乒乒乒乒。

　　他被撞进这个小公寓里的家具中。他尝试着还击，狂乱地舞动双手。但是很显然他不是他的敌人的对手。然后，他被拖离地面，扔到空中。

　　撞击声。

　　托马斯被用力扔出，撞穿了一堵墙，手脚骨折。水泥和木屑飞溅，撞上了镜头。某个东西……一个影子一闪而过，似乎带着一边碎裂的翅膀。

　　然后它消失了。

　　托马斯挣扎着。他爬过地板。他开始用拉丁语吟唱，上气不接下气……

托马斯

（挣扎着）

Ego operor non... vereor nex.

（我不惧怕死亡）

Ego... sum procul unus per... lux
lucis.

（我与光明同在）

托马斯听见低沉的嘶嘶声，也有低吼。声音变得越来越大。他的行凶者正在靠近。

托马斯看着逼近的阴影。一条恶魔手臂暴露在光线下，伸出了食指。

食指在空气中摆动，暗示他"不要这么干"。然而，托马斯吟唱得更响亮了。手指移动到脸庞，我们几乎可以看清楚这张粗糙的脸。

低吼变成了示意你安静的嘘声，带点威胁之意。

托马斯低下了头，等待着必然到来的命运。它快速地接近，人影闪动。

画面切到

内景：午夜老爹酒吧—稍后

手与威士忌杯的近景

烟雾上升。<u>一声咳嗽</u>。一支香烟被塞进嘴，点燃。烟雾则被深深吸进肺里。你几乎可以感觉到甚至闻到烟气。烟气混合了威士忌，形成一种暧昧的氛围。

又是一声咳嗽，<u>约翰·康斯坦丁</u>灌了一大口酒，咽了下去。他注意到酒液里的鲜血并没有与酒精混合在一起。

就像水与油。

他盯着酒杯。擦了擦嘴。

突然，康斯坦丁抬头，瞬息之间……

电话铃声响起

就像你想要忽略的警报声音。<u>恶魔调酒师</u>接了电话。他的声音听起来就像是在地狱的某处被火热的铁钳烙印了声带。

恶魔调酒师

你好，这里是午夜老爹酒吧。

（紧接着，大声道）

康斯坦丁，你的电话。你想过买

个手机没有?

调酒师递给康斯坦丁话筒。约翰咳嗽一声。

约翰

什么事?

亨尼西

(画外)

这次我可是立马就给你打电话,
约翰。

外景: 年久失修的好莱坞公寓楼, 同一时刻

亨尼西在我们之前见过的那个电话亭里。背景里是黑白两色。可能是
一辆法医的卡车。红蓝相间的灯光闪烁。

亨尼西

别抱怨, 我还不知道情况, 但是
我知道他的名字。艾瑞尔。

镜头切至

午夜老爹酒吧—康斯坦丁

约翰听到了这个名字。他立即起身。他在吧台上放了几张钞票, 喝完
酒, 将空的杯子放回塔罗牌上。

康斯坦丁站起来, 走向门。

约翰

(画外)

好吧……我还指望这个晚上能清
静点。

调酒师收起杯子。他注意到下面的两张塔罗牌。

恶魔调酒师
（看到卡牌，向约翰说道）
嘿……

没有回应。调酒师将卡牌翻过来。一张天使，一张恶魔。

约翰
（画外）
但是它不在牌里。

调酒师拿起钞票。就在此时，约翰打了一个响指。钞票燃烧起来。

恶魔调酒师
去你的，康斯坦丁。

调酒师用半杯啤酒浇灭了钞票。

约翰
我被更烂的东西诅咒过。
（停顿）
比你烂得多的。

康斯坦丁的脸上浮起微笑。然后他走出了门。

过场结束

⌨ 样例建置过场

以下的样例取自我们为《星际传奇：逃离屠夫湾》(*The Chronicle of Riddick: Escape from Butcher Bay*) 所写的剧本。

内景 宇宙飞船（太空）

约翰斯站在瑞迪克身前，武器握在手上。

约翰斯

醒醒，瑞迪克。该起来给我挣钱了。

约翰斯触动了一系列的释放机制，将拘束瑞迪克的机械装置打开。瑞迪克慢慢站起来，看了一眼约翰斯手上的武器。

瑞迪克

小心点，约翰斯。你可能会伤到人。

瑞迪克和约翰斯

交换了一个眼神，然后……

画面切至

外景 屠夫湾降落场—继续

瑞迪克在约翰斯前面，走下了运输船，来到这个名为屠夫湾的地狱。

瑞迪克

（一脸讽刺地环顾四周）

屠夫湾。

约翰斯，你总是带我来好地方。

约翰斯

我听说吃的东西也很烂。

（停顿）

我不会想你的，瑞迪克。

瑞迪克

那就别想。

（看到远处的霍克西）

噢，他看到你可不怎么高兴哪。

镜头对准霍克西

从平台远处走过来的是霍克西，屠夫湾的监狱长。他的副手阿伯特和一队武装警卫紧随其后。

约翰斯

霍克西是一个生意人。

态度好点，我们能快点把这事搞定。

瑞迪克

这事已经完了，约翰斯。

霍克西和他的手下来到他们两个面前。警卫迅速包围了约翰斯和瑞迪克。

霍克西

把你的武器收起来，约翰斯。

约翰斯

很高兴见到你，监狱长。

霍克西接近瑞迪克，约翰斯把他的枪收了起来。

霍克西

那么……这就是大名鼎鼎的瑞迪
克先生了。

瑞迪克

霍克西。

霍克西

终于来了，嗯？现在，你就是屠
夫湾的人了……
（然后，对着瑞迪克的脸）
你是我的人。

瑞迪克盯着霍克西，约翰斯想要打断。

约翰斯

我签过文件，他就是你的人了，
霍克西。

霍克西

（离瑞迪克更近了些，无视约翰斯）
你不会惹麻烦，对吗，瑞迪克？
因为我和我手下的人喜欢……
解决……麻烦。

瑞迪克

（平淡地）

约翰斯说你离近了看很难看。
这次，我得承认他说得没错。

霍克西和瑞迪克对视着。然后……

霍克西

嗯……干得漂亮。

瑞迪克

我尽力而为。

霍克西

（绕着瑞迪克）

才到了屠夫湾几分钟就打算整我，

是吧，瑞迪克？

瑞迪克

如果你给我一把尖的玩意，那会

更容易点。

约翰斯走近霍克西，打断了对峙。

约翰斯

瑞迪克的赏金外加五十，

对吧，霍克西？

霍克西转过注意力，看着约翰斯，瑞迪克歪过头，露出一副"我早就告诉过你"的表情。

霍克西

（打断他）

我想瑞迪克能让你还清你欠我的，

约翰斯。

约翰斯

如果你没钱付，那我还有很多别

的地方带他去。

约翰斯和霍克西盯着对方，试着压倒对方的气焰。然后……

霍克西

好吧……好吧。也许我们能达成
一个协议。
但是价格不要太贪心，约翰斯。
不管有没有"提成"，瑞迪克就在
屠夫湾。就这么说定了。

霍克西招呼他的警卫，将瑞迪克带走。

霍克西（继续）

（向着阿伯特）

去把他处理好。

阿伯特

是，长官。

瑞迪克走在警卫前面。

瑞迪克

（向着约翰斯微笑）

下次运气好点。

约翰斯和霍克西看着瑞迪克被带走。

进入游戏

取自《少年泰坦》(*Teen Titans*)的建置过场

内景 发电厂—稍后

罗宾和钢骨退后，大幻魔和渣砖步步紧逼。星火正在观察。

超载

泰坦正在从发电厂的发电机里吸取能量。火星和电弧围绕在他身边。

钢骨

（对罗宾）

每一分电力都让超载更加强大。

野兽小子

说到你们的能力……

罗宾

他很快就会变成纯能量的集合体。
如果这事发生了，他们就会连起
来形成……

野兽小子

（对罗宾）

别说出来，哥们儿。

罗宾闭口，但是钢骨接着说完。

钢骨

三宫。

他们都看着钢骨。

> **钢骨**
>
> （不在意地）
>
> 怎么？你又没告诉我不要说出来。
>
> **瑞文**
>
> 大幻魔和渣砖出现一个就已经够
> 糟了。
>
> **星火**
>
> 所以，我觉得我们必须阻止他们
> 联合起来。
>
> **野兽消息**
>
> 没错，别让他们一起。
>
> **罗宾**
>
> 干掉他们，少年泰坦！去吧！
>
> 进入游戏

叙事过场：报偿

报偿段落。这段过场叙事取自《星际传奇：逃离屠夫湾》的结尾。

> **内景 霍克西的办公室—继续**
>
> 破坏已经结束。瑞迪克穿过办公室的残骸，前往霍克西的逃生舱，逃
> 生舱正高高地对准墙壁。
>
> 瑞迪克被一个警卫拦住，低下头，拔出武器。
>
> 他掏出武器，瞄准逃生舱，然后……

开火

　　逃生舱打开，霍克西滚出来，摔在地上。瑞迪克走近，霍克西慢慢站起身来。

霍克西

好吧，瑞迪克，其中可能有什
么……

他看了瑞迪克一眼，霍克西立即闭嘴了。

瑞迪克

我想要你飞船的密码。

霍克西犹豫。瑞迪克放下武器。

霍克西

见鬼，瑞迪克，你不该……

瑞迪克

（打断他）

不该什么？
我不该做什么，霍克西？

霍克西

好……好吧……
密码在我的桌子里。

约翰斯走过来。瑞迪克跟他说话，但是没有放松对霍克西的观察。

瑞迪克

你不插手，约翰斯？

约翰斯

（正在恢复）

是的，我想是的。

瑞迪克

跑？

约翰斯

或许吧……

瑞迪克快速扫了他一眼。

约翰斯

（继续道）

但是我不会想要搞清楚。

瑞迪克

很好。

（回来与霍克西说话）

你的视力怎么样？

霍克西看着瑞迪克，一脸迷惑。

画面淡出

取自《康斯坦丁》的报偿段落

请注意剧本中标记了"可选"的部分。我们完成草稿的时候，游戏最终面向的评级仍然在与开发商和发行商讨论，所以我们包含了可选的台词，分别对应更成熟的评级和更幼龄的评级。同样注意，有时一个报偿段落——在这个例子里发生于与伯沙撒对战之后——能够包括下一个目标的建置信息。你应该努力想出办法，最大化地利用你的过场。

计时—2分钟

外景 伯沙撒的大厦的楼顶

康斯坦丁将伯沙撒引到了他想要的位置。他试图接近，将自己的圣霰弹枪掏出来，藏在身后。直到十字架出现，他才打开保险。

约翰

我想要知道一些事情。你得告诉我。

伯沙撒

去你的，康斯坦丁。

（可选）

滚蛋，康斯坦丁。

（可选）

下地狱吧，康斯坦丁。

约翰

（微笑着）

我在执行人家的请求。

你觉得这个怎么样？

"我们在天上的父……"

伯沙撒

（痛苦）

别！停下！求求你……

约翰

别喊饶命，伯沙撒。

至少现在还没到时候。

伯沙撒

你怎么……不……说……

转过另一边……脸呢？

约翰

你找错人了，我不是那个 J.C.①。

（可选）

你找错人了。

（停顿，放低圣霰弹枪）

于是，你为什么觉得上面那么

蠢？

（可选）

于是，你为什么那么不爽上面？

康斯坦丁开始慢慢抬起圣霰弹枪。

伯沙撒

（呸了一口）

吃的太烂了。牛奶与蜂蜜……太

垃圾了……

（可选）

吃的太烂了。牛奶与蜂蜜……你

在开玩笑……

---

① 约翰·康斯坦丁与耶稣基督的首字母缩写都是 J. C.。——译者注

康斯坦丁升起霰弹枪的十字架，伯沙撒陷入无可言说的痛苦中。

约翰

错了。再来。

（继续念祈祷文）

"愿你的国降临。愿你的旨意在这
个世上……"

伯沙撒

好吧。停……停……

（停顿）

无暇……这对……诅咒之人……
是折磨。

康斯坦丁放低圣霰弹枪。

伯沙撒（继续说）

（喘口气）

朗基努斯之枪……这就是杀死基
督的武器。

在十字架上。上帝的牺牲。枪尖
有他的血。

（可选）

朗基努斯之枪……这就是罗马人
杀死十字架上的基督的武器。
上帝的牺牲。枪尖有他的血。

约翰

安吉拉是怎么回事？

伯沙撒

玛门会将她作为……桥梁

……穿越。

约翰

听起来也没什么。

伯沙撒

想象一下，康斯坦丁。

当玛门夺取了这个世界和这个城

市的荣耀。

伯沙撒勉强露出一个微笑。

康斯坦丁的视角—玛门的洛杉矶（幻想段落）

往外看，我们看见城市轮廓变了。地球变成了地狱的景象。这是玛门
成功之后的景象。

约翰放低霰弹枪

他的眼睛看回伯沙撒。

约翰

我在哪里能找到她？

伯沙撒

雷文斯卡精神病院。但是你已经

迟了。

（笑起来）

玛门已经快到了。我就是在这里

拖延你的时间，康斯坦丁。

你不应该相信一个恶魔……

砰的一声枪响

　　康斯坦丁向伯沙撒打出一发子弹。后者带着不相信的眼神往上看。

　　康斯坦丁放低圣霰弹枪瞄准伯沙撒的脑袋，枪口冒着烟，抵着他的头。

约翰

……也别相信一个带着上了膛的

十字架的凡人。

（他扣动了扳机）

下天堂去吧，混蛋。

（可选）

下天堂去吧。

进入游戏

取自《少年泰坦》的报偿段落

内景 帐篷

　　随着魔神崩毁，帐篷也开始摇动了。

瑞文

你的马戏团要停了，魔神。

钢骨

（转向魔神）

你得好好解释一下了，卡莉。

魔神

我老实说……

罗宾

今天工作就这么结束了。

瑞文走向魔神。

瑞文

这些都超出了你的能力。你怎么
做到的?

魔神

我不知道。这是……魔法。

罗宾很困扰。

罗宾

一开始是某些人搅乱了时间……
现在某些人在操纵空间。

野兽小子

哥们儿,这真是完全失控了……

罗宾

(思考中,自言自语)
控制。

画面淡出至
游戏内对白

🎮 游戏内对白

下面的样例段落取自《康斯坦丁》。游戏内对白用于增强任务目标，也能提供玩家暗示和方向，不需要完整的过场。在这个例子里，所有的对白都出自玩家角色，约翰·康斯坦丁。同样注意，这些台词与剧本格式不同，用表格形式写作。对于游戏对白，这是很普遍的。

台词：约翰·康斯坦丁	游戏流程
某些东西动静可真不小	暗示即将到来的与反派的作战
聚会来找我来了	敌人攻击
《恶魔的诞生》。还真是一本"好书"	约翰需要这本书才能继续前进
啊，最后一个霰弹枪零件。我拿走了	约翰可以组装霰弹枪了
我猜他们知道我来了	预示敌人攻击
无路可走了	约翰需要寻找另一条路通过关卡
我的错	物品不起作用
我得继续往前走	强调倒计时
我不需要这种关注。但是，很奇怪，我也不怎么在乎	约翰评论击败的上一波恶魔
锁上了，需要密码	门上锁了
我得进这扇门	遇到上锁的门时会说的另一种台词
在地狱里，欢迎总是很温暖。非常、非常温暖	一般评论，需要时使用
我怎么能过去？	暗示越过障碍
我知道我得习惯这个	强调倒计时
当你这种人真倒霉	击败低级的反派恶魔后得到报偿的台词
我只做了我能做的。在以后的某一天，我知道我会是在那儿的人，或者更糟	杀掉受害者，给他解脱
一个原始的火焰发射器……龙息	约翰找到了一种新武器

我得离开这个鬼地狱。但是我知道书就在前面了。	暗示书就在前面
死者就跟木柴一样堆起来，为地狱烈火添了更多燃料。	约翰对地狱的评价

出版后记

本书是知名游戏制作人弗林特·迪尔与约翰·祖尔·普拉滕合著的游戏编剧与设计教程。书中集结了二人在加州艺术学院开设的游戏课程中的精华，带领读者从接触电子游戏开始，一步步构思并完成自己的故事创意，直至最终成为优秀的游戏策划人。

因此，这本书并不关注游戏的技术层面问题，而是强调叙事的构建与游戏玩法的结合，其目标是最终创造一个引人入胜、不断让人重新按下"开始键"的游戏世界，也让置身游戏世界的玩家能拥有丰富的情感体验。同时，本书还为从业人员，以及对游戏感兴趣的大众读者，提供了如何入行、如何开发 IP、如何与各个团队合作、如何维护职业生涯等实用建议。

目前我国游戏行业迅速发展，但市面上可供从业人员参考的书目比较少，存在大量空缺。希望本书的出版能从某种程度上填补这一空缺，为希望进入游戏行业的人士提供简明易懂且行之有效的指导，以及新鲜的一手行业观点与动态。

后浪电影学院
2024 年 10 月